信頼型マネジメントによる
農協生産部会の革新

Kengo Nishii
西井 賢悟

まえがき

　本書は、2006年3月に岡山大学へ提出した学位論文『農協生産部会の組織再編と信頼型マネジメントの確立に関する研究』（学位授与番号：博甲第3191号）に、若干の加筆・修正を加えたものである。
　1999年の秋、筆者ははじめてゼミに参加し、研究の面白さに触れた。それから約7年、農協に対する関心を徐々に深めてきた。
　岡山県北部のダイコン産地をフィールドとして、収穫機の導入を通じた経営改善策を検討した卒業論文研究では、現地調査を重ねる中で産地マーケティングに興味を惹かれた。当該産地では農協生産部会と商系の任意組合が並存し、ともに厳しい販売展開を強いられていた。確固としたマーケティング体制を確立しない限り、個別経営の発展は望めないように思われた。
　そこで修士論文研究では、岡山県南部のモモ産地をフィールドとして、農業経営の異質化に対応した公平性にもとづく農協共販のあり方について検討した。印象的だったのは、高品質のモモは個販、低品質のモモは共販という部会員の販売行動である。それは、農協はもとより、部会に対する帰属意識さえ著しく低下していることを象徴的に示していた。
　このような経験から、2003年の春にスタートさせた博士論文研究では、農協生産部会を研究対象として、今日的なマネジメント方策の解明を目指すこととした。そして研究を通じて、市場至上主義の中で自己革新を続ける部会の姿を描き出したいと考えた。そのような部会への変貌こそが、個別経営の発展、園芸産地の発展、さらには農協の発展も導くと考えられたからである。
　振り返れば、農協に関心を寄せるようになって以来、農協は改革の連続であった。JAバンクシステム、経済事業改革、全農改革などである。しかし、農協が良くなったという声はなかなか聞かれない。軽々な指摘は慎まねばならないが、最も変わるべきは組合員ではなかろうか。農協は協同組合である。その最大の組織特性は、組合員が所有者・利用者・運営者の三位一体的性格をもつこ

とであろう。組合員が変わらない限り、改革はいつまでも続く気がする。

　このような問題意識が、これまで取り組んできた研究の底流をなしている。そして得られた研究成果は、学会誌等へ発表してきた。学位論文そして本書は、それら既往の発表論文にもとづいて構成されている。具体的には以下の通りである。

　第Ⅰ章　農協生産部会の存在形態に関する組織論的考察
　　書き下ろし

　第Ⅱ章　農協生産部会の展開過程と組織再編の今日的特徴
　　西井賢悟・小松泰信・横溝功「産地再編下における組織コンフリクトの発生と適応行動に関する実証的分析」『岡山大学農学部学術報告』、Vol.92、pp.67～74、2003
　　西井賢悟「大型機械選別場の導入に伴う農家の経営行動と産地マネジメントの課題」『農林業問題研究』、第40巻第1号、pp.246～249、2004

　第Ⅲ章　農協生産部会の統治機構と部会員のロイヤルティ
　　西井賢悟「生産者部会の統治機構と部会員のロイヤルティに関する分析」『農業経営研究』、第43巻第1号、pp.108～111、2005
　　Kengo Nishii, Yasunobu Komatsu and Isao Yokomizo, Structure and Characteristics of Democratic Control in Agricultural Cooperatives, 岡山大学農学部学術報告, Vol.95, pp.69～74, 2006

　第Ⅳ章　農協生産部会における協同とソーシャルキャピタル
　　Kengo Nishii, Yasunobu Komatsu and Isao Yokomizo, A View of Co-operation and Collaboration in Sectional Meetings, 岡山大学農学部学術報告, Vol.94, pp.31～37, 2005

　第Ⅴ章　農協生産部会における協働運営の構造と運営者の育成方策

西井賢悟「『組合員－職員』協働運営型JAの確立と教育」『協同組合奨励研究報告第三十一輯』、pp.219～248、2005

第Ⅵ章　農協生産部会における法人化の意義と農協事業改革の課題
西井賢悟「生産者部会における法人化の意義と農業協同組合の課題」『農林業問題研究』、第42巻第1号、pp.115～118、2006

補章　共同利用施設における赤字構造の解明と対応策
西井賢悟・小松泰信・横溝功「共同利用施設における赤字構造の解明と対応策－JA野菜共選施設の事例分析－」『協同組合研究』、第22巻第2号、pp.1～14、2002

　各章の内容は、以上の論文を土台として、理論的な考察や事例分析の再考などを加えたものとなっている。なお、第Ⅲ章と第Ⅳ章の基礎となった英文については、資料Ⅰ、Ⅱとして原文のまま巻末に付している。
　さて、筆者はいま、一冊の書を刊行しようとしている。俄かには信じ難い。学部・大学院と6年半にわたった研究生活は、ただ目の前にある課題と格闘する毎日であり、そのゴールを想像することなど決してできなかったからである。にも関わらず、これまでの研究成果を結実させることができるのは、1999年の秋以来ご指導を賜っている、小松泰信先生（岡山大学大学院環境学研究科教授）、横溝功先生（岡山大学大学院環境学研究科教授）、両先生のおかげである。
　小松先生には、農協研究の基礎からご教示いただくとともに、研究にリアリティーを求めて、厳しくそして明快なご指導を賜った。決して妥協を許さない先生の指導は、本当に厳しかった。その一方で、前向きな挑戦の失敗には寛容だった。また、先生の指導にはブレがなかった。だから、筆者は常に新しい挑戦を目指しつつ、目の前の課題に没頭できた。そして、学位論文の審査においては主査を務めていただき、さらに、本書の出版に関しても仲介の労をとっていただいた。心から感謝申し上げたい。
　横溝先生には、経営学や経済学を基礎からご教示いただくとともに、研究の

普遍性を意識して、懇切丁寧なご指導を賜った。常に先生は、真摯にそして優しく筆者の研究に向き合ってくれた。また、指導の念頭には、必ず研究の実践性、独創性、一般化が置かれていた。だから、自分の研究を客観的に見つめ直し、深化させる方向を発見できた。そして、学位論文の審査においては副査を務めていただいた。深く感謝申し上げたい。

　また、佐藤豊信先生（岡山大学大学院環境学研究科教授）からも多くのご教示をいただいた。院ゼミなどを通じて専門的見地からご指導を賜るとともに、学位論文の審査においては副査を務めていただいた。記して感謝申し上げたい。

　本書は、多くの事例をとりあげている。そして研究成果は、現地調査から得られた知見に依存している。現場の方々のご指導、ご助言なしに、本研究の完成はありえなかった。ご協力を賜った人数が多数に及ぶため、ここではおひとりおひとりの名前をあげることはできないが、たびたびの調査にも関わらず、時間を惜しまずご協力くださった現場の皆様に、衷心より感謝申し上げたい。

　以上のように、本書の完成に至るまでには多くの方々からのご指導を賜っている。その学恩に報いるには、本書は甚だ心許ない。しかし幸いにも筆者は、本年4月より、社団法人長野県農協地域開発機構に研究員として職を得ている。そして小出英明常務理事からは、きわめて良好な研究環境を与えていただいている。また、地域開発部の山浦敏次長、西牧研治首席研究員、大熊桂樹上席研究員からは、仕事をご一緒させていただく中で、研究者としてのお手本を示していただいている。

　一冊の書を取りまとめ、ようやく研究者としての入口に立てた気がする。また、今後研究を継続するための十分な舞台も準備されている。最後にこの場を借りて、離れて暮らす筆者をいつも心配してくれる優しい母に、心から感謝の言葉を贈りたい。そして、筆者の学位取得を誰よりも望みながら、その姿を見ることなく5年前に急逝した父に、今後一層研究に精進することを誓いたい。

2006年7月

西井　賢悟

信頼型マネジメントによる農協生産部会の革新
目　次

まえがき ……………………………………………………………………… i

序 章　課題と方法 …………………………………………………… 3
第1節　本研究の課題と背景 ……………………………………… 3
第2節　本研究の構成——課題への接近方法—— ……………… 6
1　各章の概要　6
2　信頼型マネジメントの枠組み　8

第Ⅰ章　農協生産部会の存在形態に関する組織論的考察 ……… 14
第1節　部会の一般的特徴 ………………………………………… 14
1　部会の定義　14
2　部会の実態——規約から見た組織の性格——　18
3　農協と部会の関係　21
第2節　企業としての部会 ………………………………………… 24
1　企業の五つの本質　24
2　部会の企業的特性　27
第3節　部会の二面性——関係型組織と機能型組織—— ……… 32
1　関係型組織と機能型組織　32
2　機能型組織から関係型組織への転換要因　34
3　機能型組織への展望　36

第Ⅱ章　農協生産部会の展開過程と組織再編の今日的特徴 …… 40
第1節　部会の展開過程 …………………………………………… 40
1　我が国園芸農産物の生産動向　40
2　黎明期の部会——業種別組合の実態と部会創設の背景——　42
3　園芸農産物の集出荷機構と総合農協の相対的地位　44
第2節　農協改革の今日的展開と部会の組織再編 ……………… 48

1　農協改革の今日的展開　*48*
　　　2　部会の組織再編の実態　*50*
　第3節　部会の統合過程に関する事例分析 …………………………… *53*
　　　1　事例産地の概況　*54*
　　　2　組織コンフリクトの発生メカニズム　*57*
　　　3　出荷組合の代替的適応行動　*61*
　　　4　出荷組合の組織再編の方向　*64*
　第4節　大型機械選別場の新設と部会の質的変化に関する事例分析 … *65*
　　　1　事例産地の概況と農家の販売行動　*66*
　　　2　部会員に対する心理的影響と部会の質的変化　*69*
　　　3　部会運営の改革方向　*72*

第Ⅲ章　農協生産部会の統治機構と部会員のロイヤルティ …… *77*
　第1節　はじめに ………………………………………………………… *77*
　第2節　部会における退出・告発・ロイヤルティ ……………………… *78*
　　　1　ハーシュマン理論と部会　*78*
　　　2　部会と統治　*79*
　　　3　部会の存続メカニズム　*81*
　第3節　小規模部会の統治機構とロイヤルティ ………………………… *84*
　　　1　JAはだのいちご部の概要　*84*
　　　2　部会の統治機構　*85*
　　　3　部会の組織活動　*87*
　　　4　ロイヤルティの形成条件　*88*
　第4節　大規模部会の統治機構とロイヤルティ ………………………… *89*
　　　1　JAふくおか八女なし部会の概要　*89*
　　　2　部会の統治機構　*91*
　　　3　部会の組織活動　*95*

   4　ロイヤルティの形成条件　*96*

 第5節　むすび …………………………………………………………*97*

第Ⅳ章　農協生産部会における協同とソーシャルキャピタル…*100*

 第1節　はじめに ………………………………………………………*100*

 第2節　部会とソーシャルキャピタル ………………………………*102*

   1　ソーシャルキャピタルの定義と機能　*102*

   2　情報の不完全性とソーシャルキャピタル　*103*

 第3節　事例部会の概況 ………………………………………………*106*

   1　事例部会の概要　*106*

   2　農協の事業体制　*108*

   3　部会の役員体制　*109*

   4　部会の運営と活動　*111*

 第4節　ソーシャルキャピタルの形成と機能発現のメカニズム ……*114*

   1　両支部における運営と活動の相違　*114*

   2　ソーシャルキャピタルの形成メカニズム　*115*

   3　ソーシャルキャピタルの機能発現メカニズム　*116*

 第5節　むすび …………………………………………………………*118*

第Ⅴ章　農協生産部会における協働運営の構造と運営者の育成方策

             ………………*121*

 第1節　はじめに ………………………………………………………*121*

 第2節　農協運営の改革方向 …………………………………………*122*

   1　運営改革の基本方向　*122*

   2　教育活動の必要性　*123*

   3　協働運営の意義　*126*

 第3節　部会における職員の役割 ……………………………………*127*

         1　事例部会の職員体制と事務局機能　*128*
         2　意思決定における職員の役割　*128*
         3　事業・活動における職員の役割　*130*
    第4節　協働運営の構造と運営者の育成方策 ……………………*131*
         1　協働運営の構造
              ── 情報的相互作用と心理的相互作用にもとづく帰属意識の高揚 ──
                                                              131
         2　運営者の育成方策 ── 意思決定の場づくりと職員の役割 ── *135*
    第5節　むすび ………………………………………………………*137*

第Ⅵ章　農協生産部会における法人化の意義と農協事業改革の課題
                                              ……………*140*
    第1節　はじめに ……………………………………………………*140*
    第2節　部会の法人化に関する先行研究 …………………………*141*
         1　小生産者協同組合としての部会　*141*
         2　近年の法人化議論　*142*
    第3節　法人化の背景と意義
              ── 農事組合法人さんぶ野菜ネットワークの事例分析 ── ………*144*
         1　法人の設立経緯　*144*
         2　法人の運営体制　*145*
         3　法人の成長メカニズム　*147*
         4　法人化がもたらす可能性　*149*
         5　組織間関係の方向性 ── 法人と農協の今日的関係 ──　*150*
    第4節　農協事業の改革方向 ………………………………………*150*
         1　社内ベンチャーとしての部会　*150*
         2　営農関連事業体制の改革方向　*152*
    第5節　むすび ………………………………………………………*155*

終章　結　論……………………………………………………………157
　第1節　各章の要約……………………………………………………157
　第2節　信頼型マネジメントの展望──残された課題──……………164

補章　共同利用施設における赤字構造の解明と対応策…………167
　第1節　はじめに………………………………………………………167
　第2節　集出荷施設整備の動向と背景………………………………168
　　1　集出荷施設整備の動向　168
　　2　集出荷施設整備の背景　169
　第3節　新共選施設の事業計画と統合効果…………………………171
　　1　事例産地の概況　171
　　2　統合の背景と新施設の計画　172
　　3　統合が及ぼした農業経営への影響　174
　第4節　統合共選施設の赤字構造と対応策…………………………177
　　1　統合による事業収支の変化　177
　　2　統合共選施設の赤字構造　179
　　3　共選施設パート作業員の賃金体系　180
　　4　赤字の改善方策　182
　第5節　むすび…………………………………………………………183

資料Ⅰ　Structure and Characteristics of Democratic Control in
　　　　Agricultural Cooperatives……………………………………187

資料Ⅱ　A View of Co-operation and Collaboration
　　　　in Sectional Meetings…………………………………………198

信頼型マネジメントによる農協生産部会の革新

序章
課題と方法

第1節　本研究の課題と背景

　およそ経済社会は、二つの秩序から成り立っている。市場と組織である。専ら前者に経済運営を依存する社会、市場社会では、ひとびとは自由に取引相手を選び、自分の利害だけを考えて経済活動を行う。一方、専ら後者に経済運営を依存する社会、組織社会では、ひとびとは組織のヒエラルキーの調整を受けて、共同の利益を考えながら経済活動を行う。二つの秩序は、「市場の失敗」と「組織の失敗」[1]として示されるように、ともに完全なものではない。そのため現実の経済社会は、時に市場社会の傾向を強め、時に組織社会の傾向を強めるなど、両者の間を揺れ動いてきた。そして今日の経済社会は、世界的な潮流として市場社会の傾向を強めている。

　このような傾向は、日本農業にも強く影響を及ぼすこととなる。なぜなら日本農業は、その近代化原理が「組織化」にあったという指摘に代表されるように[2]、多様な組織化を図ることによって、特に中間組織を形成することによって存続・発展を遂げてきたからである。市場社会の傾向が強まる中で、既存の中間組織は強く再編を迫られているといえよう。この中間組織には、三つのタイプがあるとされる[3]。第一には、個別経営の生産面の効率化や農地利用の調整に関わる組織である。第二には、農産物マーケティングに関わる組織である。第三には、個別経営の経営機能を多面的にバックアップする農業協同組合（以下、農協と略す）である[4]。

　本研究が対象とするのは、第二のタイプの中間組織、園芸農産物のマーケテ

ィングに深く関わり、主産地の担い手組織として機能してきた、農協生産部会（以下、部会と略す）である[5]。部会は農協の組合員組織であり、農協と一体的な活動を展開してきた。そのため、部会を研究対象とする本研究では、第三のタイプの中間組織である農協についても広く研究の対象に含めることとなる。本研究の課題は、市場社会の傾向が強まる中での部会の組織再編の実態を解明し、今日的なマネジメント方策を考究することにある。その際、部会の組織再編を二つの視点から捉えることとする。一つには、部会の統合・大型化という組織化領域の変化である。もう一つには、部会員と部会員、部会員と部会、部会と外部主体など、主体間の関係性の変化にともなう組織の質的な変化である。本研究では、これら二つの変化を組織再編として捉える。

　組織の質的な変化を組織再編として捉えるのは、市場社会の傾向が強まることの本質が、主体間の結びつきを変えることにあると考えられるからである。経済社会の秩序としての市場の強みは、幅広く・素早く資源を組み合わせること、組み合わせの自由度を拡大することにあるとされる[6]。また、現代は「ばらける」時代と称されるように、ひとびとは組織を離れ個人で行動しようとする性向をもっている[7]。今日の経済社会は、「ばらける」性向をもったひとびとが、新たな関係性を構築する過程にあるといえよう。このような変化に対応できない組織は、淘汰されていくこととなる。すなわち、内部のひとびとの結びつきや外部の主体との結びつきなど、組織の編成原理を変革し、質的な転換を遂げることのできない組織は、その存続が困難となろう。本研究では、今日的な組織の編成原理として、「信頼」に着目する。そして、「信頼」の形成、あるいは、「信頼」にもとづく行動を可能とするシステムを信頼型マネジメントと位置づけ、その具体的なあり方の検討を進める。

　社会心理学者の山岸[11]は、「集団主義社会は安心を生み出すが信頼を破壊する」と指摘している[8]。我が国においては、系列に代表される集団主義的な経営組織が経済社会の中核を担ってきた。集団の内部では相互協力が容易に成立し、安定的な利益の分配が保証されるなど構成員に「安心」が生み出されてきた。しかし、関係を外部に対して閉ざし、内部の協力関係の強化によって経済的な成果を追求する我が国のビジネス慣行は、効率的な経済活動を遂行する上

での足枷となっている。事実、市場社会の傾向が強まるにつれ、集団主義的な関係の解消、例えば、株式の持ち合いの解消や系列関係の見直しといった動きが多数見られるようになった。日本経済が活力を取り戻すには、「閉ざされた関係からの解放者」、あるいは、「自発的な関係の形成者」としての役割を果たす「信頼」にもとづいて[9]、外部に対して開かれた機会重視の組織として既存の経営組織が再編されなければならない。

　このような組織再編は、本研究が対象とする部会においても強く求められている。これまで部会は、強固な地縁ネットワークを組織基盤としてもち、系統共販、市場流通という固定的・安定的な枠組みの中で存在してきた。典型的な集団主義社会の中で存在してきたといえよう。市場成長期の部会は、安定的な利益の分配を保証し、部会員に「安心」を生み出してきた。しかし、市場が成熟した今日では、安定的な取り引きがもたらす利益を上回る損失の発生、すなわち、取り引きコストの節約を上回る機会コストに直面している。この背景には、安価な輸入農産物の急増、外食・中食産業の発達、食の安全性に対する消費者意識の高まりなど、流通環境の著しい変化がある。その結果、企業的な農業経営の離脱や個販の拡大を招くなど、部会は弱体化の傾向を強めている。

　さらに今日の部会は、より直接的な環境変化に直面している。農協の広域合併と経済事業改革である。そこでは、部会と関係の深い営農関連職員の削減や共選施設の統廃合が進められている。これらの農協改革にともなって、明確なビジョンや十分な合意のないまま、部会の統合再編も進められている。そのため、統合後の部会ではさまざまな混乱に直面することが避けられず、これまで蓄積してきた産地化・組織化の利益を失いかねない状況にある。

　このような状況に対し、既存の研究は十分な解決策を提示していない。部会を研究対象とした近年の研究としては、経済的特質と意思決定の二つの軸から広域合併農協の部会を類型化した北川[4]の研究、出荷体系や生産方法に応じた部会の組織再編の必要性、すなわち、機能別組織としての部会の再編方向と、それに対応した農協の事業体制を明らかにした石田[2]の研究、香川県の部会を事例として、部会のマーケティング機能の実態を解明した久保[5]の研究、部会の抱える今日的な問題点を整理し、部会役員のリーダーシップの重要性とそれ

を支える農協の事務局機能のあり方を明らかにした宮部[10]の研究などがあげられる。これらの研究の成果は、部会の組織化や運営のあり方に対して、それぞれ重要な示唆を含んでいる。

　ただし、部会員と部会員の関係、部会員と部会の関係など、主体間の結びつきの変化にともなう組織の質的な変化について、十分な考察がされていない。また、農協の事業改革を構成する一つの要素として、部会のさまざまな組織改革が論じられている傾向がある。このことから、既存の研究においては次のような前提の存在が推察される。部会と農協は、一枚岩として関係を強化すべきという前提、あるいは、農協の内部組織として部会は機能強化すべきという前提である。しかし、広域化して多様な組合員から構成される農協と、特定作目の生産者から構成される部会において、利害の相反・乖離は著しい。今後、両者が一枚岩として関係を強化することは現実として想定しにくい。また、農協の内部組織としての部会では他の内部組織との調整が避けられないため、結果として画一的・平均的な事業の展開を招き、さらに部会が農協の下請け機関化する観が否めない。そのような部会においては、さまざまな改革を進めるために求められる自主性や主体性が発揮されにくいと考えられる。

　以上から、部会と農協の関係は一枚岩として捉えるのではなく、それぞれ独立した主体として捉えるべきといえよう。むろんそのためには、組織の運営を農協に依存している現状から脱却し、部会が部会員自らの手によって、自律的に制御されなければならない。本研究が検討する信頼型マネジメントの目指すところは、部会員による部会の自治を確立することにある。

第2節　本研究の構成 —— 課題への接近方法 ——

1　各章の概要

　以上の課題に対して、本研究では六つの章からアプローチする。
　第Ⅰ章では、本研究が対象とする部会について、その存在形態を考察する。まず、既存の研究や実際の規約から部会の一般的な特徴について明らかにする。

次に、既存の経営学の研究成果を踏まえて、部会の企業的な性格について明らかにする。さらに、関係型組織と機能型組織という概念を用いて、部会の企業的な性格が弱体化している要因と、今後強化するための方策について考察する。以上の検討を通じて、部会の一般的な特徴、特に経済活動を営む経営組織としての特徴を明らかにする。

第Ⅱ章では、これまでの部会の発展経過と、今日的な組織再編の背景および特徴を明らかにする。まず、我が国園芸農産物の集出荷機構における、総合農協の地位の変遷を明らかにする。次に、近年の部会の組織再編について、その大きな背景となっている農協改革論議と照合しながら特徴を確認する。これらを踏まえて、農協の広域合併にともなう部会の統合再編と、大型機械選別場の導入にともなう部会の質的な変化について、それぞれ事例分析を通じてその実態を見ていく。

第Ⅲ章では、部会員と部会役員、あるいは、部会員と部会の関係性に焦点を当て、それら主体を結びつける信頼の形成方策について、組織の統治という観点から検討を進める。特に本章では、信頼をハーシュマン理論におけるロイヤルティとして捉え、その形成メカニズムを解明する。まず、部会員の退出メカニズムを考察し、部会の存続・発展には部会員の告発（組織への不満の表明）が不可欠なこと、告発の活性化にはロイヤルティが不可欠なことを明らかにする。次に、二つの部会を事例としてとりあげ、その統治機構の実態を分析し、ロイヤルティの形成条件について実証的に明らかにする。

第Ⅳ章では、部会員と部会員の関係性に焦点を当て、両者を結びつける信頼の形成方策について、事業・活動という観点から検討を進める。特に本章では、信頼をソーシャルキャピタルとして捉える。まず、部会において協同が活性化するにはソーシャルキャピタルの機能が不可欠なことを、既存の研究を踏まえて明らかにする。次に、二つの部会を事例としてとりあげ、その事業・活動などの相違から、ソーシャルキャピタルの形成と機能の発現メカニズムについて実証的に明らかにする。

第Ⅴ章では、第Ⅲ章と第Ⅳ章で得られた知見を踏まえて、部会の運営のあり方を明らかにする。特に、部会の組織としての意思決定が、部会員の協力的な

行動を導くまでのプロセスを体系化する。実際の部会では、その運営や活動の実践において農協職員も重要な役割を果たしている。そこで本章では、「異質な主体の対等な協力関係にもとづき、より生産的な結果を追求すること」を意味する「協働」という概念に着目し[10]、上述のプロセスにおける、部会員、部会役員、農協職員の機能分担の関係を、協働運営の構造としてまとめる。また、「協働」が追求されるには運営者としての部会員が不可欠なことを明らかにするとともに、その育成方策について考察する。

第Ⅵ章では、部会と農協の結びつき、両者の今日的な関係のあり方について考察する。具体的には、法人化という経営行動を選択した部会を事例としてとりあげ、法人化に至るプロセスと法人化後の企業としての成長メカニズムを考察する。その結果を踏まえて、法人化の意義を整理するとともに法人化が普遍的な動きとなり得るかどうかについて検討する。そして、部会と農協の今日的な関係のあり方、農協の事業体制の改革方向について明らかにする。

なお、補章では、近年の農協経済事業改革の一環として取り組まれている共同利用施設の統廃合問題をとりあげ、その背景や動向を明らかにするとともに、赤字の実態と改善策について事例分析を通じて検討する。

2 信頼型マネジメントの枠組み

ここで、本研究が検討を進める信頼型マネジメントの枠組みを示しておこう。そこでの中核的な概念である「信頼」について、本研究では山岸[11]の研究成果に依拠する。山岸は、「信頼」を図序-1のように整理している[11]。

「信頼」とは、相手の意図に対する期待を指すものであり、具体的には、「社会的不確実性が存在しているにもかかわらず、相手の人間性ゆえに、相手が自分に対してひどいことはしないだろうと考えること」と定義される。社会的不確実性とは、相手の意図についての情報が必要とされながらその情報が不足している状態を指す。逆に、社会的不確実性が存在しない状況において相手がひどいことはしないだろうと考えることは、「安心」に分類される。端的にいえば、相手の人間性や行動特性の評価にもとづく期待が「信頼」であり、相手にとっての損得勘定にもとづく（相手が裏切った場合、自分だけでなく相手にと

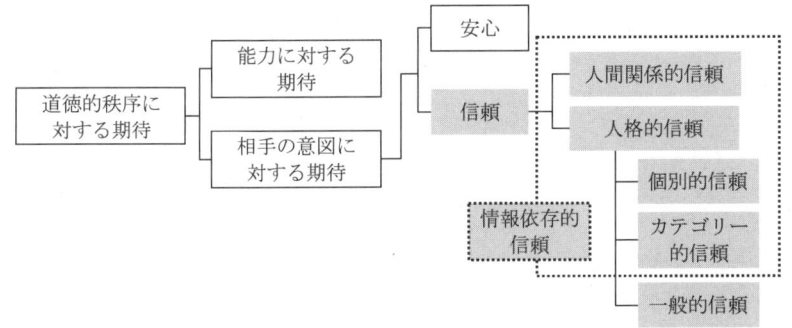

図序-1 「信頼」の分類
資料：山岸［11］、p.47の図より引用。

っても損失が大きいことが分かっている場合の）期待が「安心」である。

　これまで日本社会においては、「安心」が主体を結びつける基本的な原理であった。ビジネスの領域では、終身雇用と年功序列に代表される安定的な関係の継続が保証され、社会的不確実性が低められてきた。そして部会も、「安心」にもとづく組織の典型であった。そこでの「安心」は、主として、内部環境としての強固な地縁ネットワークと、外部環境としての系統共販・市場流通という固定的な枠組みによってもたらされてきた。しかし、今日の部会においてそれら「安心」の存立基盤は著しく弱体化、あるいは、発展の制約要因となっている。信頼型マネジメントとは、外部と内部の環境変化にともなう社会的不確実性の存在を前提として、「安心」から「信頼」へと組織の質的な転換を可能とし、組織の発展を導くマネジメントを意味する。

　その枠組みを示せば図序-2のようになる。組織としての部会の一体性は、統治機構による運営機構の制御、運営機構による事業・活動の制御、事業・活動成果の運営機構に対するフィードバック、というサイクルを通じて保たれていると考えられる。また、そのサイクルの中で主体間の関係性が規定されていると考えられる。本研究では、第Ⅲ章において、部会員と部会（部会役員）間の「信頼」形成を促す統治のあり方について解明し、第Ⅳ章において、部会員と部会員間の「信頼」形成を促す事業・活動のあり方について解明する。また、統治や事業・活動のあり方は、運営者としての部会員の育成にも大きな影響を

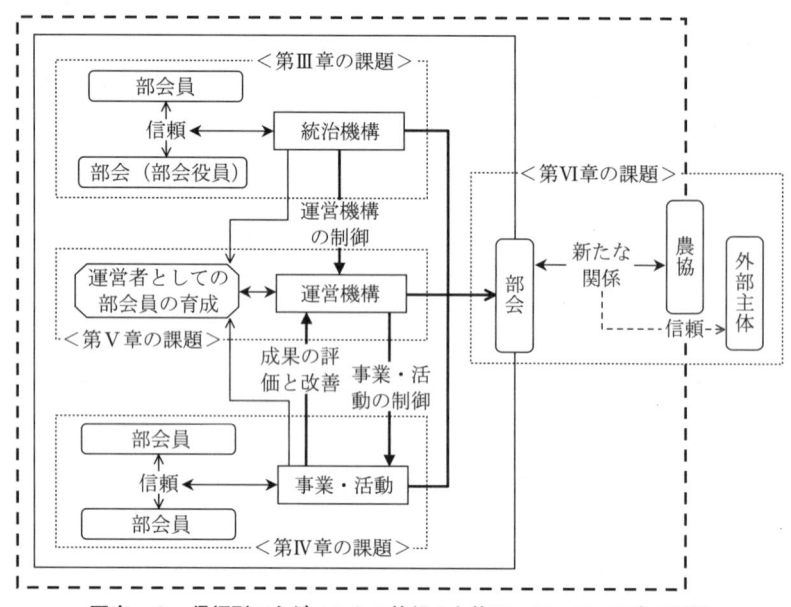

図序-2 信頼型マネジメントの枠組みと第Ⅲ、Ⅳ、Ⅴ、Ⅵ章の課題

及ぼしている。第Ⅴ章において、その育成方策をまとめるとともに部会の運営のあり方を解明する。そしてこのような統治、運営、事業・活動の下で一体性を構築している部会が農協との関係性を見直したとき、「閉ざされた関係からの解放者」としての「信頼」にもとづいて、外部主体との関係性が広がることを第Ⅵ章において明らかにする。

　以上のように、信頼型マネジメントとは、統治、運営、事業・活動、農協（外部主体）との関係という四つのシステムから構成される、組織の発展を導くためのマネジメントを意味する。その実践によって、部会員と部会（部会役員）、部会員と部会員、部会と外部主体においては「信頼」にもとづく関係性が構築され、部会は質的な転換を遂げることとなる。

　ところで、図序-1によれば、「信頼」は一般的信頼と情報依存的信頼に大別される。一般的信頼は、具体的な情報が十分ない相手の意図に対する期待を意味し、情報依存的信頼は、具体的な情報が存在している相手の意図に対する期待を意味する。後者はさらに、相手の一般的な人間性の情報にもとづく人格的

信頼と、相手が自分に対してもっている感情や態度にもとづく人間関係的信頼に分類される。これらの定義を踏まえれば、部会における各主体を結びつける「信頼」は以下のように整理される。

まず、部会と外部主体の間の「信頼」については、一般的信頼が該当すると考えられる。一般的信頼をもつ主体とは、外部主体と積極的に関係性を構築するが、少しでも怪しい兆候が見られるならば、その相手との関係性の維持に慎重になる主体とされる。このように、情報が十分存在しない場合に怪しいと決めつけず、とりあえずは関係を構築し、その後関係のあり方を決めていくという姿勢が、固定的な枠組みに置かれてきた部会がその枠組みから脱却し、外部の利益機会を積極的に活用していく上では重要といえよう。

次に、部会員と部会（部会役員）、部会員と部会員の間の「信頼」は、人間関係的信頼が該当すると考えられる。部会という組織の中では、各主体についての一定の情報が存在しており、また、そこでの情報は、各主体の自分に対する感情や態度についての情報、相手が自分にとって好ましい行動をするか否かを判断するための情報が重要と考えられるからである[12]。

以上のように、本研究では一般的信頼と人間関係的信頼に着目する。いずれの「信頼」も、相手の損得勘定ではなく相手の人間性や行動特性の評価にもとづくものであり、社会的不確実性の存在を前提としている。社会的不確実性が存在する中で相手を「信頼」することには、リスクがともなうだろう。この点について、山岸の研究においては、「信頼」する傾向の強いひとは決してリスクに対する選好性の高いひとではなく、リスクを回避する能力としての「社会的知性」を身に付けているひとであることが明らかにされている。すなわち、社会的不確実性の存在する状況においては、ひとびとは相手の言動や行動を注意深く観察し、相手の意図を判断するための情報を積極的に収集し、リスクを分析する能力を身に付けるようになるとされている。

このような「社会的知性」を身に付けるための行動は、社会的不確実性の避けられない部会においても求められている。つまり、今日の部会員には、部会に存在する情報を収集するために、より主体的かつ積極的に部会に関わることが求められている。このような部会員によって制御される部会は、さまざまな

環境変化に対して迅速かつ柔軟に対応することとなり、安定的に発展することが可能となろう。

【注】
1)「組織の失敗」という用語は、青木・伊丹［1］、p.105において用いられている。ここでは、その具体的な意味を、「個人的動機付けが弱くなり組織に高い情報処理能力が要求されることと情報の蓄積の硬直化」（青木・伊丹［1］、p.103）として捉えている。
2) 野田［7］、pp.4〜12を参照。
3) 藤谷・稲本［9］、p.2を参照。
4) 本研究で農協という用語を用いる場合、総合農協（JA）を指すこととする。
5) 農協生産部会は、業種別組合、専門部会、作目別部会など多様な名称で論じられているが、本研究では、系統農協において最も一般的であると考えられる農協生産部会を用いることとする。なお、野村［8］、p.601によれば、「系統農協が作目別部会を明確に位置づけたのは、1961年の営農団地構想においてであった。…略…営農団地構想では、…略…組合員を経営類型別に組織化することが必要とされ、作目別あるいは業態別組織を農協生産部会と通称し、実際はそれぞれの農協に野菜部会、畜産部会などを結成」したとしている。農協生産部会という名称は、1960年代以降に広く普及したと考えられる。
6) 伊丹・加護野［3］、pp.537〜540を参照。
7) 田代［6］、pp.91〜92を参照。
8) 山岸［11］、p.1を参照。
9) 山岸［11］、p.4を参照。
10)「協働」という概念の詳細については、第Ⅴ章を参照。
11) 以下での信頼の説明については、山岸［11］、pp.31〜53を参照。
12) ここでの信頼には、人格的信頼も該当すると考えられるが、相手の一般的な人間性についての情報を得るためには、部会以外の場における情報も必要と考えられ、情報収集コストが高くなると想定される。また、人格的信頼とは、相手が高潔な人物であるかどうかの情報にもとづく信頼ともされている（山岸［11］、p.45）。そのような高潔性は、もちろん部会に関わる主体に望まれるものであるが、必ずしも必要ではないと考えられる。これらのことから、以下では人間関係的信頼に限定することとする。

【参考文献】
［1］青木昌彦・伊丹敬之『企業の経済学』、岩波書店、1985
［2］石田正昭「農業経営異質化への農協販売事業の対応課題」『農業経営研究』、第33巻第

2号、1995
［3］伊丹敬之・加護野忠男『ゼミナール経営学入門　第3版』、日本経済新聞社、2003
［4］北川太一「広域合併農協における作目別生産者組織の特質と再編課題」『協同組合研究』、第12巻第3号、1993
［5］久保利文「産地マーケティング戦略における農協部会組織の役割」藤谷築次編『日本農業の現代的課題』、家の光協会、1998
［6］田代洋一「JAの組織基盤、組織理念をどう再構築するか」『農業と経済』、第68巻第5号、2002
［7］野田公夫「日本型農業近代化原理としての『組織化』」『農林業問題研究』、第40巻第4号、2005
［8］野村雄造「営農指導事業の現状」川野重任（編集委員長）『新版協同組合事典』、家の光協会、1986
［9］藤谷築次・稲本志良「本書の問題意識と課題」藤谷築次編『日本農業の現代的課題』、家の光協会、1998
［10］宮部和幸「農協部会組織の活性化に関する課題」『神戸大学農業経済』、第37号、2004
［11］山岸俊男『信頼の構造』、東京大学出版会、1998

第Ⅰ章

農協生産部会の存在形態に関する組織論的考察

本章では、本研究が研究対象とする農協生産部会の存在形態を考察する。具体的には、以下の三点を検討する。

第一に、既存の協同組合に関する文献、実際の部会における規約などから、部会の定義、組織としての機能、性格などを明らかにする。また、農協との関係を整理する。第二に、部会の有する企業的な性格を明らかにする。伊丹[1]において指摘されている企業のもつ五つの本質について、部会の実態と照合しながら考察し、部会の特質を明らかにする。そして第三に、部会の企業的な性格が弱体化している要因と今後強化するための方策について、中條[13]において指摘されている関係型組織と機能型組織という概念を用いて明らかにする。

以上、三点の検討を通じて、部会の組織的な特徴、特に経済活動を営む経営組織としての特徴を明らかにする。

第1節　部会の一般的特徴

1　部会の定義

部会の定義は、研究者によってさまざまである。例えば、宮部[17]は、部会とは「産地形成を目的として組織され、農協の販売事業に対応した作目別部会組織」を指し、「生産面から販売面にわたるすべての過程に関与する組織であり、農協からの指導援助を受ける組合員組織に位置づけられるが、組合員の自主的組織である」としている1)。また、久保[10]は「農協の下部に位置づけられる業

種別組織であり、生産面から販売面にいたる過程の重要な機能の基礎部分を有しており、農協の販売体制を強化するための内部的戦略拠点」として、部会を定義している[2]。

表Ⅰ-1　北川による部会の分類

タイプ	概要	経済的側面 活動形態	経済的側面 組織化の効果	意思決定的側面 意思決定の形態	意思決定的側面 意思決定の原則	構成員のメンバーシップ
主産地形成型組織	特定農産物の生産者がまとまって存在し、生産技術は高位平準化。共販体制が確立しており、取引先市場において一定のシェアをもつ。産地ブランドとしての認知も高い組織。	水平的組織化＋垂直的組織化	規模の経済範囲の経済情報の経済	強固な統合的意思決定	強固な組織型決定	強固な組織型相互関係
主産地志向型組織	特定農産物の生産者が比較的まとまって存在し、生産技術は中位平準化。共販体制はほぼ確立しているが、取引先市場におけるシェアや産地ブランドの確立は不十分な組織。	水平的組織化＋垂直的組織化	規模の経済範囲の経済情報の経済	統合的意思決定	組織型決定	組織型相互関係
産地志向型組織	特定農産物の生産者が比較的多く存在するが、生産技術はバラバラ。共販体制は十分確立しておらず、産地形成には至っていない組織。	水平的組織化	規模の経済情報の経済	統合志向型分散的意思決定	組織型決定と市場型決定の混在	組織型相互関係と市場型相互関係の混在
高付加価値追求型組織	特定農産物の生産者が比較的まとまって存在し、生産技術は高位平準化。ただ、大規模産地の形成には制約があるため、生産・販売対応の工夫を通じた高付加価値化を目指す組織。	垂直的組織化	範囲の経済情報の経済	統合的意思決定	強固な組織型決定	原則として組織型相互関係

資料：北川［9］p.84の表3およびp.86の表4より抜粋して作成。
注）北川［9］は、表に示した四つのタイプ以外に、三つの水田営農組織も含めて七つに部会を分類しているが、本研究の主たる対象は園芸部門の部会であるため、それら三つは割愛した。

他方、北川[9]は、広域合併農協における部会の多様な実態を踏まえ、統一的な定義は行わず、表Ⅰ-1に示す四つのタイプに部会を分類している。その特徴は、産地形成の諸段階と部会の分類を対応させているところにあり、産地形成が進むにつれ、組織の活動形態や組織化の効果が多様化し、意思決定やメンバーシップが強固なものになるとされている。また、共販が確立されていない産地志向型組織も部会として位置づけられている。

北川の分類が示しているように、部会は多様な形態で存在しており、その定義もさまざまである。それは結局のところ、部会の設立に関する法源が存在せず、設置基準や構成要件が、各々の地域や農協に委ねられているためといえよう。このような実態を踏まえつつ部会の一般的な特徴を明らかにするため、以下では農林水産省が統計調査に用いている定義と、協同組合に関する二つの代表的な文献における整理をとりあげる。

農林水産省が毎年発刊している『総合農協統計表』には、部会に関する集計項目がある。同統計表の調査票においては、「『業種別組織』とは、水稲、果樹、養豚部会（協議会・組合等）などの名称で呼ばれている組合の下部組織であって組合が指導援助を実施しているものをいう。」として[3]、部会の定義が端的に行われている。業種別の組織であることと農協の下部組織であることを、部会の特徴として捉えているといえよう。

農協の組合員組織をとりあげた我が国の代表的な文献、川野重任監修『農協経営と組合員』においては、尾池[7]が、「合併農協の作目別部会は、たいていの場合、活動組織であり、機能組織であり、生産組織であり、内部組織である」としている[4]。尾池によれば、活動組織とは「農協事業の全部または一部の、協同の主体」を意味する。部会員の協同が、共同購入や共同販売など農協事業の利用を通じて実践されていることを考えれば、活動組織とは、農協事業の利用者組織であると換言できよう。機能組織については、「機能別（目的別）に組織される組合員組織が機能組織である」とした上で、「この組織には、ゲマインシャフト的な性格からゲゼルシャフト的な性格への進化がみられるが、完全にゲゼルシャフト的な性格になりきることはない。なぜならば、この組織が一定規模になるとともに、自動的にこの組織内部で、地域単位に協同が分化してゆく

からである。」と指摘している。この指摘は、機能別組織として設立された組合員組織であっても、地縁組織としての性格も併せもつことを意味している。生産組織については、「農業の生産、流通などを対象とした組織」としており、農業経営の大半の過程に関与する組織とされている。内部組織については、その要件として「第一に、農協運動の基本理念、基本枠内にあること、第二に、自治法規としての規約などが、農協の自治法規に従属すること、第三に、組織の活動が、農協全体の活動と統一的に整合していること」をあげている。

協同組合の思想、歴史、現状などを一冊にまとめた『新版　協同組合事典』においては、薄井[5]によって、「農産物を有利にかつ安定的に販売していくため、農協の指導のもとに作目別に組織されたのが生産（専門）部会である。」と定義された上で、三つの特徴が指摘されている[6]。「一つには、作目別に個別農家、集団的生産組織を包摂して組織され、その作目の生産から販売までのすべての過程に関与する組織であること、二つには、部会員の意見を集約し、農協の事業・経営に反映させる組織であるとともに、農協の事業方針や具体策を部会員に周知徹底させる組織であること、三つには、農協に直結した組織として位置づけられる反面、自主性・主体性を保持していること」である。薄井が指摘するこれら三つの特徴の中には、『総合農協統計表』や尾池[7]によって指摘されていない部会の特徴があげられている。第一には、「部会員の意見を集約し、農協の事業・経営に反映させる組織」とされていることである。これは、部会員が利用する農協事業に対して部会が影響力をもつこと、つまり、農協事業の運営者組織としての部会を意味しているといえよう。第二には、「自主性・主体性を保持している」組織とされたことである。このことは、自分たちの組織は自分たちで運営するという、自治組織としての部会を意味しているといえよう。

以上、部会の定義を行っている三つの文献をとりあげ、そこでの記述を見てきた。表Ⅰ－2は、それらに見られた共通性に着目しながら、部会の特徴をまとめたものである。三つの文献における記述を吟味すると、そこには、部会そのものの性格から見た特徴と農協との関係から見た特徴が含まれていることが分かる。表の右端に示したように、その特徴は八つに集約される。

表Ⅰ-2　既存の文献が示す部会の特徴

		『総合農協統計表』	『農協経営と組合員』	『新版 協同組合事典』	部会の特徴
部会そのものから見た特徴	組織の性格	業種別	作目別	作目別	作目別（業種別）組織
		該当する記述なし	機能別に組織される組合員組織	農産物を有利にかつ安定的に販売していくため（の組織）	機能別（目的別）組織
		該当する記述なし	ゲゼルシャフト的な性格になりきることはない	該当する記述なし	地縁組織
		該当する記述なし	農業の生産、流通などを対象とした組織	生産から販売まですべての過程に関与する組織	生産・流通組織
		該当する記述なし	該当する記述なし	自主性・主体性を保持（する組織）	自治組織
農協との関係から見た特徴		組合の下部組織	内部組織	農協の事業方針や具体策を、周知徹底させる組織	農協の内部（下部）組織
		該当する記述なし	該当する記述なし	意見を集約し、農協の事業・経営に反映させる組織	農協事業の運営者組織
		該当する記述なし	農協事業の全部または一部の協同の主体	該当する記述なし	農協事業の利用者組織

　以下では、実際の部会がこれら八つの特徴を具備しているかどうかについて検討を進める。

2　部会の実態 —— 規約から見た組織の性格 ——

　表Ⅰ-3は、本研究が事例とする部会の中から三つの部会をとりあげ、規約の主な内容をまとめたものである。甲斐[8]によれば、農協の運営基準には法定基準、約定基準、慣行基準の三つがあり、部会の規約は約定基準に該当する[6]。約定基準には、構成員の総意あるいは合意事項として遵守すべきルールが定められており、組織の基本的な特徴を表すと考えられる。そこで、ここでは規約の内容から、先に述べた八つの特徴を確認していく。

　第一に、作目別（業種別）組織であることについては、目的と部会員の項目において示されている記述から確認できる。いずれの部会も、目的において、特定の作目（上今井支部の場合、果樹という業種）を対象とした組織であるこ

第Ⅰ章　農協生産部会の存在形態に関する組織論的考察　　19

表Ⅰ-3　規約の主な内容

		福岡八女農業協同組合 なし部会	北信州みゆき農業協同組合 リンゴ部会上今井支部	秦野市農業協同組合 やさい部会いちご部
設立年度 部会員数 販売金額		1999年 152人 約113千万円	1998年 93人 約28千万円	1968年 23人 約10千万円
規約の主な内容	目的	この部会は福岡八女農業協同組合の内部組織で部会員の相互連絡協調によりなし栽培技術の研究改善並びに計画生産、計画販売を基本として、部会員の社会的、経済的地位の向上に寄与することを目的とする。 (規約第1条)	この部会は、上今井地区果樹栽培農家の意志を結集し農協事業と有機的一体のもとに、果樹生産技術の向上及び計画生産、計画出荷を行い得る組織的集団産地の育成を目指し、部会員の所得向上とともに経営安定を図ることを目的とする。 (規約第2条)	この部はいちごを栽培し、販売する組合員が協同して組織活動を推進し、生産能率の向上と経営の安定を図りあわせて、秦野市農業協同組合の発展に寄与することを目的とする。 (規約第1条)
	部会員	この部会の部員は、原則として福岡八女農業協同組合の組合員でありなし栽培者で全量共販出荷者を以って組織する。 (規約第3条)	この部会は地区内果樹栽培農家で「共販体制の確立」、「共選部全利用計画」の趣旨に賛同したものをもって組織する。 (規約第3条)	この部は、秦野市農業協同組合の組合員でいちごを栽培し第1条の趣旨に賛同し加入の意思を表示した者をもって構成する。 (規約第4条)
	事業	この部会は、第1条の目的を達するために次の事業を行う。 1. 生産に関する事業 (イ) 栽培並びに生産技術の統一 (ロ) 生産技術の研究改善 (ハ) 経営合理化のための経営改善 2. 販売に関する事業 (イ) 共同出荷販売事業 (ロ) 販売資材その他統一 (ハ) 取引指定市場の決定および市場開拓 3. その他目的達成に必要な事業 (規約第4条)	この部会の事業年度は4月1日から翌年3月末日とし、目的達成のため次の事業を行う。 (1) 栽培技術向上のための研修、講習会 (2) 計画生産、計画出荷 (3) 共同利用施設の円滑な運営 (4) 農政対策ならびに課税対策 (5) その他目的達成に必要な事項 (規約第7条)	この部は、次の事業を行う。 (1) 県いちご連並びに選果場運営委員会との連携を図る (2) いちごの計画栽培と出荷の調整 (3) 荷作り規格の統一と協同出荷体制の確立 (4) 生産販売技術の研究及び指導活動 (5) 優良種苗の生産及び配布 (6) 生産に必要な諸資材の協同購入 (7) 販路の開拓並びに販売先の調査 (8) 部員相互の連絡協調 (規約第3条)
	役員	本部会に次の役員を置く。 部会長1名、副部会長2名(生産委員長1名、販売委員長1名)、運営委員8名、生産委員6名、監事2名 (規約第6条)	この部会に次の役員をおく。 部会長1名、副部会長1名、会計1名、委員9名、監事3名 (規約第8条)	この部に次の役員をおく。 部長1名、副部長2名(会計兼務)、監事2名、役員若干名 (規約第5条)
	会議	この部会は次の会議を設ける。 1. 部会の会議は、総会、三役会、運営委員会、生産委員会、班長会とする。 2. 各会議は、定数の1/2以上の出席者を以って開催する。 3. 総会は毎年1回定期総会を開催するものとする。但し、部会長が必要と認めたとき及び部会員の1/3以上の請求があったとき部会長は臨時総会を召集しなければならない。 (規約第10条、一部略)	1　定期総会は原則4月に開催するものとする。 2　部会長が必要と認めたとき、または部会員の半数以上の請求があったときは、臨時総会を開くことができる。 3　総会は部会員の半数以上の出席がなければ開会することはできない。 (規約第12条)	(1) この部の会議は、総会、臨時総会、役員会とする。 (2) 会議は部員の過半数の出席によって成立する。 (3) 役員会は、部長が召集し議長は部長があたる。 (規約第9条)

資料：各部会の規約より抜粋して作成。

とを定め、部会員において、特定の作目を栽培する生産者を構成員とすることを明記している。

　第二に、機能別（目的別）組織であることについては、いずれの部会についても目的において示されている記述から窺える。そこでの記述を要約すれば、部会とは、特定作目を栽培する生産者の経営発展を目指し、計画生産や計画販売を具体的な目的（機能）とする組織といえよう。

　第三に、地縁組織であることについては、部会員の項目において示されている記述から確認できる。そこでは、部会員の資格として管轄農協の組合員であること、あるいは地区内の生産者であることが定められており、組織化の範囲に地理的な制約が設けられている。ただし、前述の尾池[7]において指摘されていた「地域単位に協同が分化」している部会の姿を、この規約から窺うことは難しい。しかし、例えば福岡八女農業協同組合なし部会では、支部単位で独自の試験活動が行われるなど協同の一部が地域単位に分化している。

　第四に、生産・流通組織であることについては、事業の項目において示されている記述から窺われる。いずれの部会も、生産、出荷、販売などに関わる事業を実施することとしており、それら事業の実施を通じて農業経営の大半の過程に関与する組織であることが確認される。

　第五に、自治組織であることについては、役員および会議の項目において示されている記述から窺われる。そこでは、部会長や副部会長といった役職、総会や役員会などの意思決定機関、開催ルールなどが定められている。部会においては、部会員を中心とする運営機構が確立されていることが確認される。

　以上で見てきた五つの特徴は、表Ⅰ－2に示した八つの特徴のうち、部会そのものの性格から見た特徴である。規約から推察すると、部会にはこれら五つの特徴が備わっているといえよう。他方、農協の内部（下部）組織、農協事業の運営者組織、農協事業の利用者組織といった農協との関係から見た特徴について、規約から確認することは難しい。三部会の規約には、農協との関係に関わるいくつかの文言がある。例えば、福岡八女農業協同組合なし部会の規約では、「農協の内部組織」と定められている。北信州みゆき農業協同組合リンゴ部会上今井支部の規約では、「農協事業と有機的一体のもとに」計画生産や計画出

荷を進めることを定めている。また、秦野市農業協同組合やさい部会いちご部の規約では、「秦野市農業協同組合の発展に寄与することを目的とする」と定められている。これらから、部会が農協と深い関わりをもっていることは推察されるが、その具体的な意味を窺うことはできない。

そこで次に、農協の意思決定構造とサービスの取引関係をとりあげ、農協と部会の関係について考察する。

3 農協と部会の関係

まず、農協の意思決定構造から農協と部会の関係を考察する。考察にあたり、農協の組織特性を確認しておく。農協において組合員は、所有者であり、利用者であり、運営者である、という三位一体的性格をもつ。組合員の所有（出資）の目的は、配当ではなく農協事業の利用である。そのため運営者としての影響力の行使は、良好な事業利用環境の構築を目的として行われる。このように、農協の組織特性は会社組織と大きく異なる。

図Ⅰ-1に、広域合併農協の意思決定構造を模式的に示した。組合員は、自らの代表としての総代を選出し、総代が一堂に会する総代会において理事ら役員が選出され、その理事が職員を統率している。これが、広域合併農協における意思決定の基本ルートである。このルートの中で、総代会や理事会がトップマネジメントを担い、職員が実務を担うことによって事業が展開され、組合員はその事業を利用することとなる。

農協が少数の集落や大字を組織化範囲としていた頃は、この意思決定の基本

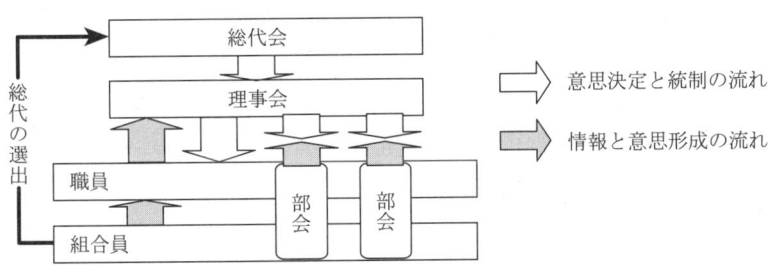

図Ⅰ-1　広域合併農協の意思決定構造
資料：増田［15］、p.77の図を修正して作成。

ルートの中で、組合員は運営者としての影響力を行使することができた。組合員の同質性が高かったため、総代会と理事会での検討・決議事項が、多くの組合員の関心事と密接に関わっていたからである。また、小規模農協においては総代会ではなく総会方式が採用され、より直接的に意見を表明する機会が与えられていた。増田[15]は、小規模な共同販売組合のようにプリミティブな協同組合においては、支部と呼ばれる下部組織から本部組織に至るまで、その組織は事業運営組織であるとともに、組合の全般的・基本的意思決定のルートだったと指摘している[7]。

しかし、農協の広域合併が進むにつれ、この基本ルートは組合員の運営者としての権限を行使する上で不十分なものとなった。組合員の多様化や事業の広範化が進み、総代会や理事会は全体的・基本的な意思決定に限定せざるをえなくなったからである。このような状況において、組合員の多様な意思を反映させる仕組みとして位置づけられるのが、目的や属性に応じて組織化されている組合員組織であり、その一つが部会である。

図に示した通り、部会は基本ルートからの統制を受けるが、部会員からの情報を集積して意思を形成し、基本ルートへ働きかける役割を担っている。部会員が利用する農協事業は、このように部会の関与の下で展開している。意思反映の程度については、部会の自治能力や農協の財務状況などに応じてさまざまだと考えられるが、意思反映が強固な場合、部会は農協事業の運営者組織かつ利用者組織、意思反映が低位な場合、部会は単なる農協事業の利用者組織といえよう。

次に、農協と部会員のサービス（事業）の取引（利用）関係から、農協と部会の関係を考察する。石田[4]によれば、農協事業はサービス業に分類され、サービス業は、①生産者と需要者の距離を縮めるサービス、②場所や物品を供給するサービス、③専門性を提供するサービス、に大別される[8]。部会との関係でいえば、①に該当するのは販売における無条件委託、②に該当するのは共選施設、資材倉庫、各種輸送サービスなどの供給、③に該当するのは営農技術や取引先などの情報提供といえよう。

では、これらサービスの取引形態についてみていく。内部組織の経済学によれば、取引形態は表Ⅰ－4に示すように、取引参加者各人の決定原理の特徴と

取引参加者間の相互関係から、市場取引、組織内取引、中間取引の三つに分類される[9]。

表に示した決定原理において、M1（MはMarketの略）とは、各人の効用最大化を原理とする自由な交換を意味し、O1（OはOrganizationの略）とは、権限による命令を意味する。また、M1＋O1とは、最終決定はM1の原理にもとづくが、そこに至るまでのプロセスがO1にもと

表 I − 4　取引の分類

		相互関係		
		M2	M2+O2	O2
決定原理	M1	市場取引	市場取引	中間取引
	M1+O1	市場取引	中間取引	組織内取引
	O1	中間取引	組織内取引	組織内取引

資料：今井・伊丹・小池［2］、p.142の図を一部加筆して作成。

づくことを意味する。他方、相互関係において、M2とは自由な参入、退出を意味し、O2とは固定的・継続的関係を意味する。また、M2＋O2とは、原則的にO2の関係にあるが潜在的にM2の脅威に晒されていることを意味する。これら決定原理と相互関係から、表に示した九つの組み合わせが考えられる。このうち、（M1、M2）の組み合わせが純粋な市場取引、（O1、O2）の組み合わせが純粋な組織内取引を表している。

農協と部会員の取引は、（M1＋O1、M2＋O2）に該当すると考えられる。まず、決定原理について見ると、部会員は意思決定に至る過程において独自の運営機構をもつ部会からの統制を受けるが、最終的な決定は自己の効用最大化にもとづいて行われている。このことは、例えば多くの部会員が部会に所属しながらも、共販以外の販売ルートをもっているという実態から窺われる。

次に、相互関係について見ると、農協と部会員の関係は原則として固定的・継続的なものといえる。ただし、一般的な会社組織における従業員の離職の可能性に比べて、農協はより強い組合員の退出脅威に晒されている。この点について、例えば藤沢[14]は、「会社では、社長から工員まで組織的に結合しなければ、一升の酒も一台のテレビも生産することができないのに対して、協同組合—たとえば農協—では、結合なしでも農業生産は続けられる。また、会社の社員は、組織（職場）を離れれば仕事も収入もゼロになるが、農協の組合員は脱

退しても相対的に不利になるだけで、生産も生活も、けっしてゼロにはならない。」と説明している[10]。

以上から明らかなように、農協と部会員の取引関係は、市場を介した純粋な商取引の関係にはなく、企業内の部門間取引のような組織内取引の関係にもない。それらの中間的な形態である、中間取引として位置づけられる。この中間取引を統制する役割を果たしているのが部会である。

ところで、表Ⅰ-2においては、部会の特徴の一つとして農協の内部（下部）組織であることをとりあげた。確かに部会は、意思決定の基本ルートからの統制を受けている。そのため、前述の尾池[7]が指摘した内部組織の三つの要件について、満たしているものと考えられる。しかし、部会には基本ルートからの統制を受けるだけでなく、それに対して働きかける組織という側面もある。また、取引形態から見た場合、組織内取引の関係にない部会を農協内の一部門とみなすことはできない。以上から、部会を農協の内部（下部）組織として位置づけるのは困難といえよう。

以上、本節の考察をまとめると、部会の一般的な特徴として次の七つを指摘できる。作目別（業種別）組織であること、機能別（目的別）組織であること、地縁組織であること、生産・流通組織であること、自治組織であること、農協事業の運営者組織であること、農協事業の利用者組織であることである。これら七つの特徴を踏まえて、本研究では部会を、「特定の作目を生産する農業経営が、その経営発展を実現するために組織化し、自ら統治する農協の組合員組織であり、農協事業の運営と利用の統制を通じて、農業経営の大半の過程に関与する組織」と定義する。このような定義を踏まえて、次節では部会の企業的な特性について見ていく。

第2節　企業としての部会

1　企業の五つの本質

企業形態論によれば、企業とは、広義には経済活動を営む組織全般のことを

指し、狭義には、経済活動を営む私企業、公企業、協同組合、家内営業（自営業）などのうち、特に私企業のことを指す[11]。このことから明らかなように、協同組合である農協や家内営業としての農業経営は、広義の企業に属する。

もちろん農協は非営利団体であり、私企業のように利益の追求を目的とした事業体ではない。しかし、農協の営む諸事業は決して無償の慈善事業ではなく、私企業との激しい競争関係に晒されている。事業の効率的な遂行によってはじめてその存在が保証される農協には、当然のこととして企業的な性格が備わっているといえよう。

他方、農業経営は、農産物の自給や生きがいを主目的として営まれている場合も多く、そのような農業経営を企業として捉えるのは困難である。しかし、部会の構成員は多くの場合販売農家である。販売農家として存続するには、農産物の効率的な生産や差別化、有利な取引関係の構築など、さまざまな経済活動が不可欠である。部会員の農業経営には、一定の企業的な性格が備わっているといえよう。

では、農協と深い関係をもち販売農家を構成員とする部会には、企業的な性格が備わっているのだろうか。本節では、この点について検討を進める。このような検討を行うのは、部会の企業的な性格が弱いという現実がある一方で、今後の部会の発展には、企業的な性格を強めることが不可欠と考えられるからである。

以下では、伊丹[1]の立論にもとづいて検討を進める[12]。そこでは、企業とは「財・サービスの提供を主な機能として作られた、人と資源の集合体で、一つの管理組織の下に置かれたもの」として定義されている。そして、企業には表Ⅰ-5に示す五つの本質が備わっていることが指摘されている。第一に、技術的変換体であること、第二に、資金結合体であること、第三に、情報蓄積体であること、第四に、統治体であること、そして第五に、分配機構であることである。

これら五つの本質は、概念的に階層関係にあるとされる。まず、最も基礎的なのは技術的変換体としての企業であり、その技術的変換体を編成するために、資金結合体としての企業、情報蓄積体としての企業という概念が必要になると

表 I－5　企業の五つの本質

企業の本質	概要
技術的変換体	技術的変換とは、企業が行っている諸活動のうち、付加価値をつくりだす工程のことを指し、この工程をもつ経済活動体が技術的変換体を意味する。およそあらゆる企業は、必要なインプットを市場から購入し、何らかの技術的な変換を加えて、その結果として生まれる製品やサービスを市場で販売している。技術的な変換を行わない企業、例えば、収入を銀行預金の利子のみに依存しているような経済活動体は、法人格を有していても企業とは呼べない。また、技術的変換の経済効率の低い企業は、市場から淘汰されることとなる。企業の最も基本的な存在意義は、技術的変換の経済効率にある。
資金結合体	技術的変換のために、企業は経営資源を必要とする。経営資源としては、ヒト、モノ、カネ、情報が考えられるが、モノと情報は本源的な資源ではない。前者はカネがあれば買えるから、後者はヒトに付随して存在するからである。カネとヒトが、企業の本源的資源といえる。資金結合体とは、企業の本源的資源の一つであるカネの結合体であることを指し、具体的には二つのことを意味する。一つには、企業が必要とするカネをさまざまな形でさまざまな人が拠出しているという、資金拠出の多様なあり方の結合体という意味で、もう一つには、企業による技術的変換にともなって市場と企業の間にさまざまなカネの流れが発生し、カネの流入と流出の結節点として企業が存在しているという意味である。
情報蓄積体	情報蓄積体とは、企業の本源的資源の一つであるヒトの結合体であることを意味する。企業においてヒトは、さまざまな役割を果たしている。そのうち特に重要なのは、情報の担い手、学習の担い手としてのヒトである。企業は、市場調査や研究活動などを通じて直接的に情報を入手している。また、日常的な業務においても、生産工程の改善方法の発見、消費者との対話など、新たな情報が蓄積されている。それらは、企業という場に存在するものであって、必ずしも個人に還元できない。そして、さまざまな情報から新たな知識が創出されることにより、企業はその長期的な存在が保証されることとなる。
統治体	ヒトの結合体には、さまざまな統治が避けがたく必要とされる。それは、企業の内部でも外部からも発生する。内部で発生する統治とは、組織の階層構造を通じた権限関係による管理やそれぞれの階層組織における管理など、企業が主体的に自分の組織内部で行う経営管理を意味する。外部から発生する統治とは、株主による経営者の任免や付加価値の分配の決定、広くは、取引先との組織間関係、消費者からのクレーム、地域住民の監視など、企業の運営に対して外部からの影響が及ぶことを意味する。
分配機構	上にあげた四つの本質をもつ企業は、その活動を通じてさまざまなものをヒトに分配している。それが、分配機構としての企業を意味する。具体的には、少なくとも富、権力、名誉、時間の四つを企業は分配しており、いずれも企業に関係する人々が個人的に関心をもつ変数となっている。

資料：伊丹[1]、pp.6～17より抜粋して作成

される。そして、これら三つの本質をもつ企業を適切に運営し永続させていくために、統治体としての企業という概念が必要となり、さらに四つの本質を総合すると、企業がさまざまな人間にとって重要なものの分配を行っていることから、分配機構としての企業という概念が必要になるとされる。

以下では、これら五つの本質について部会の実態と照合しながら考察する。

2 部会の企業的特性
(1) 技術的変換体としての部会

部会は農協事業の運営と利用の統制を行っており、農協事業における技術的変換が、部会において行われている技術的変換と捉えることができる。その技術的変換と農業経営の関係を、資本の運動形式の考え方[13]を踏まえて模式的に示したのが図Ⅰ-2である。

Gは貨幣、Wは商品（生産物、生産手段、労働力）、Pは付加価値を生み出す生産過程を表している。つまり、Pが技術的変換を意味する。横の点線枠内は、農業経営の運動形式を示している。農業経営は、産業資本の運動形式であるG-W…P…W′-G′として表すことができる。縦の点線枠内は、部会が運営する農協事業の運動形式を示している。農協事業は、サービス資本の運動形式であるG-W…P-G′として表すことができる。

図に示したとおり、部会は農業経営の三つの過程、G-Wで示される生産要素の調達過程、W…P…W′で示される生産要素を結合して生産物をつくりだす過程、W′-G′で示される生産物を販売する過程に、それぞれ購買事業、生

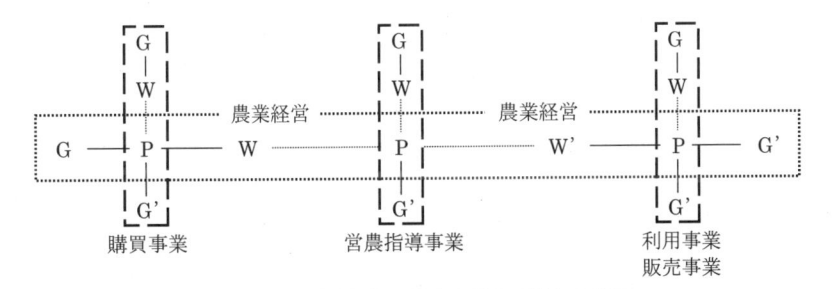

図Ⅰ-2 農業経営に対する部会の関与の構造
資料：資本の運動形式については、大橋・渡辺［6］、p.21を参照。

産技術指導など狭義の営農指導事業、利用事業・販売事業を通じて関与している。各事業においては、Pで示される技術的変換が行われている。例えば、購買事業では、部会役員や営農指導員が中心となって取引先からの生産資材情報の収集、それら情報の取りまとめや精査、共同購入資材の決定、資材の使用に関わる指導などが行われ、購買品の斡旋というサービスが提供されている。また、利用事業では、部会役員を中心とする意思決定にもとづいて選果場が操業され、選別、包装、箱詰めといった具体的なサービスが提供されている。

農協事業はサービス業であり、サービス業の特徴は生産と消費の同時性にある。よって各事業における技術的変換は、部会員の事業利用を通じてはじめて完結する。図において、各事業のPが農業経営の運動形式と重なるように描かれているのはこのためである。

ところで、企業の行う技術的変換は、生産した財・サービスを市場で販売することによってはじめて意味をもつといえよう。そして販売の結果、GよりG′が大きくなれば企業は存続を許される。農業経営においても同様であろう。ただし農協事業においては、多くの場合GよりG′が小さいと考えられる。このような状況は、総合採算性という農協の経営体系の下で農業経営のG′を大きくするために生じていると考えられるが、技術的変換の経済効率が著しく低いことを示している。このような状況が長期にわたって続くことは、通常の企業においては許されないことといえよう。

以上で見てきたように、部会は農協事業の運営を通じて技術的変換を行っている。ただし、その経済効率はきわめて低い。企業の基本的な存在意義は、技術的変換の経済効率にある。この観点からすれば、部会の企業的な性格は決して強くないといえよう。

(2) 資金結合体としての部会

表Ⅰ-5に示したように、資金結合体とは二つのことを意味する。一つには、資金拠出の多様なあり方の結合体という意味であり、もう一つには、カネの流入と流出の結節点として企業が存在しているという意味である。

まず、前者の意味で考えると、部会の資金結合体としての性格はきわめて弱い。一般的に拠出の方法としては、構成員の出資と金融機関からの融資が考え

られる。このうち、組織として融資を受けている部会は皆無であろう。例えば、前節でとりあげた三つの部会は、いずれもこのような融資を受けていない。一方、出資については、その性格に近いものとして部会への加入金がある。例えば、福岡八女農業協同組合なし部会の場合、部会に加入するには1万円拠出しなければならない。当該部会の場合、拠出金は部会の運営費にあてられている。しかし、その額は決して大きいものではなく、加入金は安易な加入と脱退を防ぐための手段としての側面が強い。また、徴収していない部会も多い。

次に、後者の意味で考えた場合も、部会の資金結合体としての性格は決して強くない。部会の運営する販売事業においては、売上が10億円を超えるようなケースも珍しくないが、カネの出入りは主に部会員と農協の間に発生しており、部会がカネの結節点とはなっていない。ただし、部会は独自の会計をもっている場合が多い。それは主として、部会役員に報酬を支払うためである。表Ⅰ-6には、北信州みゆきリンゴ部会上今井支部が独自に行っている会計を示した。表から明らかなように、収入の大半は役員行動費（役員への報酬を意味する）として使われている。また、約280万円の収入は、役員への報酬をはじめとするさまざまな項目を通じてすべて支出されている。利益は発生しておらず、少額の繰越金はあるがいわゆる内部留保のようなものは存在しない。

以上から明らかなように、部会の資金結合体としての性格はきわめて弱いものといえよう。

(3) 情報蓄積体としての部会

次に、情報蓄積体としての部会の性格について見ていく。

部会においては、情報を収集するためのさまざまな活動が行われている。例えば、部会役員が中心となって、卸売市場への調査やスーパーの店頭での販売、あるいは、先進的な産地への技術調査などが

表Ⅰ-6 上今井支部の部会会計

収入		支出	
項目	金額（円）	項目	金額（円）
戸数割	511,500	会議費	390,000
面積割	567,000	生産対策費	250,000
出荷量割	1,197,000	研修費	250,000
繰越金	360,655	旅費	100,000
助成金	180,000	役員行動費	1,710,000
雑収	23,835	その他	140,000
計	2,840,000	計	2,840,000

資料：同部会の2004年度総会資料より抜粋して作成。
注）表中の数値は、2004年度の収支計画案。

行われている。また、部会が独自に栽培試験研究を行うことも決して珍しくない。それらを通じてもたらされる情報は改善を加えながらマニュアル化され、総会、販売反省会、栽培講習会などを通じて一般部会員との共有が図られている。日常的な組織活動を通じても、情報が蓄積されている。例えば、選果場の操業管理に携わることによって、機械のメンテナンスや効率的な人員の配置方法などが学習され、ノウハウが蓄積されている。

このように、部会は情報蓄積体としての性格をもつ。ただし、近年その性格は弱まりつつあると考えられる。情報の蓄積・共有の基盤となる部会内部のネットワークが、脆弱化しているからである。すでに述べたように、一般企業に比べて分業化の程度が低く、組織から離脱しても生産も生活もゼロにはなりにくい部会は、構成員の高い退出脅威に晒されている。そのため、一般企業が有機的連帯にもとづく組織とされるのに対し、部会は機械的連帯にもとづく組織とされる[14]。機械的連帯にもとづく組織において、充実したネットワークが構築されるとは考えにくい。つまり、そもそも部会は情報的蓄積体としての基盤が脆弱な組織といえる。ただしこれまでは、地縁にもとづくネットワークが脆弱な基盤を補完してきた。実際、多くの部会では、集落や班などの地縁組織が情報伝達経路などの役割を果たしてきた。しかし、集落の弱体化や部会の広域化の中で、地縁ネットワークは脆弱化している。

以上をまとめると、部会は情報蓄積体としての性格をもつが、その性格を弱めつつあるのが現状といえよう。

(4) 統治体としての部会

一般企業と同様に、部会も統治体としての性格をもっている。

部会の内部においては、最高意思決定機関としての総会、執行機関としての役員会や三役会が設置されている。一般企業のように階層構造が重層的ではないものの、一定の内部管理体制が構築されているといえよう。特に役員会や三役会などが部会運営の中心的な役割を担っており、そこでの意思決定は、部会員の農業経営に大きな影響を与えている。ただし、執行機関と部会員の関係は絶対的な階層関係にはなく、農業経営に関わる最終的な意思決定は、部会員の考えにもとづいて行われている。

また、部会は外部からも一定の影響を受けている。例えば、販売先からの厳しい監視の目に晒されている。共販においては、個別の農業経営ではなく部会を単位として銘柄が形成されている。そのため、出荷した商品の品質に問題があった場合は、部会全体の信用が失墜することとなる。また部会は、農協の意思決定の基本ルートから統制を受けている。営農指導員の配置や選果場の新設など事業の効率性や組織化の効果に関わる決定について、基本ルートが大きく関与している。

このように部会は統治体としての性格をもつが、一般企業とは異なり、株主に該当する関係者が存在しない。経営者の任免という観点からすれば、部会員が株主の役割を果たしているが、その位置づけや性格は大きく異なる。株主という重要な監視の目の存在しない部会が、適切に運営され永続していくには、統治者としての部会員の強い自覚と能力の発揮が不可欠である。

以上をまとめると、一般企業とは質的に異なる点が存在するが、部会には一定の統治体としての性格が備わっているといえよう。

(5) 分配機構としての部会

技術的変換体、資金結合体、情報蓄積体、統治体の四つの性格をもつ企業は、その活動を通じてさまざまなものをヒトに分配している。具体的には、富、権力、名誉、時間の少なくとも四つを分配しているとされる。

まず、富については、販売事業の運営を通じて間接的に関与している。プール計算方式が採用されている共販では、生産した農産物がどの出荷規格に該当するかが、収益の多寡に大きな意味をもつ。その出荷規格の基準の決定を、部会が行っている場合が多い。次に、時間についても、部会はその分配に関与している。部会は、共販の取り扱い品種を決め、また、栽培指針や講習会などを通じて生産技術の統一を進めている。それらを通じて間接的に、年間の作業適期や各作業に必要とされる時間を決定している。このように、部会は富と時間の分配に関わっている。しかし、その関与は間接的なものであり、一般企業のように賃金や就業規則などを通じて直接的に分配しているわけではない。部会の富と時間の分配機構としての性格は、かなり弱いものといえよう。

権力や名声の分配機構としての性格は、さらに弱いものと考えられる。後述

するように、かつての部会においてはリーダーに地域の有力者が就くなど、役員の決定を通じて権力や名声が分配されていたと考えられる。しかし今日では、報酬が十分でない一方で雑多な仕事を要求されることから、役員に就くことを忌避する傾向が強く、役員が必ずしも名誉ある職とはなっていない。また、権力についても、部会内部の階層構造が重層的でないことや役員を輪番で務めている場合が多いことなどから、広く分散していると考えられる。

以上から明らかなように、分配機構としての部会の性格はきわめて弱いものといえよう。

本節では、部会の企業的な特性について、一般企業が備えている五つの本質と照合しながら考察を進めてきた。情報蓄積体や統治体という観点から見れば、部会には一定の企業的な性格が備わっているといえる。ただし、企業の最も基礎的な機能である技術的変換の経済効率はきわめて低い。また、資金結合体や分配機構としての性格も、きわめて弱いものとなっていた。以上から、総じて部会の企業的な性格は弱いものといえよう。

では、なぜ部会の企業的な性格が弱いのか、なぜ企業的な性格を強化する必要があるのか、また、企業的な性格を強化するには何が必要なのかといった点について、次節で考察を進める。

第3節　部会の二面性 —— 関係型組織と機能型組織 ——

1　関係型組織と機能型組織

以下では、中條[13]の研究成果を踏まえて考察を進める。そこでは、組織の基本的な機能は、組織の維持と組織目的の達成という二つにあることが明らかにされるとともに、現実に存在する組織が、表Ⅰ-7に示す関係型組織と機能型組織に大別されている[15]。

関係型組織とは、組織内の関係そのものを所与ないし目的とする組織を意味し、その典型は家族や村落共同体とされる。運営上の特徴としては、意思決定における多数の意見の重視、リーダーの選出における人柄や人気の重視などが

表I－7　関係型組織と機能型組織の概要

		関係型組織	機能型組織
典型例		家族、村落共同体、社交クラブ、同好会	企業、学校、病院、軍隊
組織化の目的		組織内の社会的関係そのもの、あるいは、組織が提供する便益の享受	対外的貢献や対外的成果をあげること、組織はそれら目的を達成するための手段
組織が提供する便益の受益者		組織の構成員	組織外部のひとびと
組織の維持コストの負担者		組織の構成員	組織外部のひとびと
組織運営の特徴	意思決定	多数の意思の反映（稟議、根回し）	権限をもつ者が自らの権限の範囲でその権限を行使
	責任の所在	不明瞭（組織構成員全体）	意思決定権限を有する者の結果責任
	リーダーの選出	構成員の合意や納得が必要、人柄や人気が重んじられる。	機能発揮を最優先、実績と能力を重んじる。
	組織内秩序の維持	組織規範に従った諒解的方式（構成員は規範を経験的に学習）	各種の規定やルールによる定律的方式
	構成員の評価基準	組織の価値や規範の体現度、組織参加における情熱や努力	対外的成果に対する貢献度

資料：中條［13］、pp.247～266より抜粋して作成。

あげられる。一方、機能型組織とは、特定の目的を掲げその実現のためにひとびとが結びついているような組織を意味し、その典型は企業や学校とされる。運営上の特徴としては、権限にもとづく意思決定、実績と能力を重視したリーダーの選出などがあげられる。

　このように両組織にはさまざまな相違があるが、決定的な違いは、組織が提供する便益の受益者と組織の維持コストの負担者にある。関係型組織の場合、それらはいずれも組織の構成員である。例えば、趣味の同好会をイメージすると分かりやすい。組織が企画・運営するさまざまな活動に参加するのは構成員のみであり、構成員は参加を通じて便益を享受する。活動にかかる費用を負担するのも、やはり構成員であろう。一方、機能型組織の場合、便益の受益者と維持コストの負担者はいずれも組織外部のひとびとである。例えば、企業は市場を通じて財・サービスを組織外部のひとびとに供給し、収入を得ている。そ

の収入が、組織を維持するための原資となっている。

　以上の特徴から、関係型組織は、閉鎖的かつ自己完結的なクローズドな組織として存在することとなり、機能型組織は、開放的かつ運動の方向が外部のマーケットを向いたオープンな組織として存在することとなる。では、部会はどちらのタイプの組織といえるだろうか。

　部会は、特定作目を栽培する生産者の経営発展を目指し、計画生産や計画販売を具体的な機能（目的）とする機能別（目的別）組織としての性格をもつ。経営発展のために収益が不可欠なことはいうまでもなく、その収益は市場を通じた農産物の販売によって得られる。部会が提供する便益の受益者、組織の維持コストの負担者は、農産物の購入者といえよう。つまり、部会は機能型組織であり、部会員の経営発展のための手段である。

　しかし、本来は機能型組織であるはずの部会が、関係型組織としての性格を強めているのが現実ではなかろうか。多くの部会が流通環境の変化に対応できず、先進的な農業経営の離脱を招くなど閉塞的な状況を深めていること、すなわち、経営発展の手段として有効な組織ではなくなっていることが、その証左といえる。以下では、部会が関係型組織としての性格を強めている要因について見ていく。

2　機能型組織から関係型組織への転換要因

　第一の要因は、部会の組織再編プロセスである。次章で述べるが、部会の前身は業種別組合である場合が多い。業種別組合は、大字のような比較的小地域を組織基盤としていた。その業種別組合が、農協の組合員組織として組み込まれることにより部会は誕生している。また、農協の広域合併にともない、部会は統合再編を繰り返してきた。統合することとなった部会は、それぞれ独自の運営体制を構築し、また、競争関係にあったと考えられる。そのような組織間の統合がなかなか進まないことは、容易に想定される。そのため統合にあたっては、機能型組織としての性格の最優先、すなわち、より高レベルの活動を行っていた部会の組織運営をそのまま統合後の部会運営に採用するのではなく、低レベルの活動を行っていた部会のまとまりが失われないように、さまざまな

妥協や配慮があったと考えられる。統合を進める中で、いかに対外的な成果をあげるかではなくいかに内部の関係を維持するかに、部会の主要な関心がシフトしていったことが想定される。

　このように部会の組織再編プロセスの中で、関係型組織としての性格が強められてきたと考えられる。また、部会の前身である業種別組合は、推薦制や選挙制による役員の選出、明文化された規約をもっていたことなど、農事実行組合などの集落組織と比べて機能型組織としての性格を多分にもっていたが、その一方で、メンバーは気が合う間柄や親類に限定されるなど狭く固まる傾向が見られたこと、リーダーは農民的な有力者がなり強いボス性をもっていたことなど、組織の発展に対する制約をもっていたことが指摘されている[16]。つまり、部会はその創設初期の段階から、避け難く関係型組織としての性格をもっていたといえよう。

　第二の要因は、農協と部会の関係、特に、農協事業の利用者組織としての性格を部会がもつことである。部会は、営農指導事業、購買事業、販売事業、利用事業などに関わっている。問題は、それらの事業における受益者とコスト負担者である。購買事業、営農指導事業、利用事業においては、受益者とコスト負担者いずれも部会員といえる。それは、生産資材の斡旋サービスや技術指導のサービスなどを受け取るのが部会員であり、手数料や賦課金などの形で実際にコスト負担しているのも部会員であることから明らかである。もし部会がこれら事業としか関わりをもたないのならば、関係型組織としての性格が強まるのは必然的と考えられる。部会が本来は機能型組織であると考えられるのは、販売事業の存在によるところが大きい。販売事業においては、受益者とコスト負担者いずれも組織外部の人々である。もちろん部会員は、販売手数料を農協に支払っている。だたしその手数料は、販売代金から差し引かれるもの、つまり、農産物の購入者によって支払われるものといえる。収益とコストという観点から見れば、四つの事業の中で部会員に直接的に収益をもたらすのは販売事業だけであり、その他の事業は、コストの低減しか直接的にはもたらさない。販売事業が収益をもたらすのは、受益者が外部にいるからであり、収益の拡大には外部の受益者への働きかけが不可欠である。

しかし、系統共販、市場流通という強固な枠組みが、そのような働きかけを不要にしてきた。近年よく聞かれる、農協の販売事業は集出荷業務にすぎないという指摘は、まさにそのような状況を言い表したものといえよう。そして、部会員の関心の焦点は、外部の受益者の便益を高めることではなく、いかに自分たちにとって望ましい事業環境を構築するか、すなわち、農協事業の利用者として利便性を高めることに置かれてきたと考えられる。外部との接点をつくり、機能型組織としての性格をもたらすはずの販売事業が、その本来的な役割を果たしていないのが現実といえよう。

　第三の要因は、資金結合体としての性格が弱いこと、機能革新の基盤が脆弱なことである。外部環境が変化する中で、部会が対外的な貢献を継続的に遂行するには、機能革新を進めなければならない。それには資金が不可欠である。すでに述べたように、部会が生み出す利益（共同化の利益）はすべて個別の部会員に配分され、内部留保などとして残ることはない。そのため、大規模な試験活動、選果場の高性能化、専門職員の増員などに不可欠な資金は、農協や各種の補助金に依存してきた。しかしながら、資金の提供主体としての農協はその経営状態が必ずしも良好ではない。また、部会は意思決定の基本ルートからさまざまな制約を受けている。そのため農協から提供される資金は、その量や機動性に欠けることとなる。また、各種の補助金はその使途が細部にわたって決められており、機能革新の画一化を招くとともに柔軟性に欠けるものだったといえる。もちろん、機能革新を進める上では、ここで見てきた資金結合体としての性格だけでなく情報蓄積体としての性格も重要である。しかしすでに指摘した通り、情報蓄積体としての部会の性格は近年弱まる傾向にある。つまり部会には、機能型組織としての基盤が欠如しているといえよう。

3　機能型組織への展望

　以上の点などを要因として、部会の関係型組織化が進んできたと考えられる。本来、機能型であるはずの組織が関係型組織として存在するとき、その発展性は著しく制約される。それは、一般企業が関係型組織として存在している状況をイメージすれば分かりやすい。そこでは、企業の根本的な存在目的が、従業

員の関係性の維持や従業員の福利厚生に置かれることとなる。それらは、従業員の離脱を防ぐために重要である。しかし、そのことが最優先されれば、組織が閉鎖的となり、知識やノウハウが陳腐化し、対外的な貢献を継続的に果たせなくなることは容易に想定される。

　部会が今後発展するには、機能型組織としての性格を強めることが不可欠である。本研究では、それを以下の視点から検討する。

　まず、農協の部会という枠組みの中での機能型組織としての性格強化について、第Ⅲ章と第Ⅳ章で検討する。今後部会は、機能革新を進めなければならない。そのためには、資金結合体としての性格と情報蓄積体としての性格の強化が不可欠である。ただし、零細な農業経営を構成員とし、販売単価の低迷に直面している多くの部会において、資金結合体としての性格を強化することは容易でない。農協からの支援、各種の補助金、部会員の実費負担などに頼らざるをえない状況が、今後も続くであろう。部会に求められているのは、そのような限られた原資を効果的に用いて、生産物の差別化や事業方式の改善を進めることである。そのためには、知識創造の基盤となる情報蓄積体としての性格を強めねばならない。第Ⅳ章において、情報蓄積体としての部会のあり方を検討する。他方、生産物の差別化や事業方式の改善など機能革新を進める際には、部会員からの反発も予想される。それらは、部会員の農業経営に対しても、さまざまな経営改善努力を求めることになるからである。また、今日のように部会員の農業経営の異質化が進んでいる状況においては、機能革新が全構成員に等しく利益を与えるとは考えられない。場合によっては、短期的な損失を被る部会員も出てくることとなろう。このような状況の中で、部会として機能革新のための意思決定を行うには、強固な統治体としての性格が不可欠である。第Ⅲ章において、統治体としての部会のあり方を検討する。

　また、農協の部会という枠組みからの脱却、特に部会の法人化を通じた機能型組織としての性格強化について、第Ⅵ章で検討する。部会の法人化は、近年その必要性が急速に指摘されるようになっている[17]。そして2005年2月、実際に法人化を選択し、農協から独立する部会が現れた。それが、農事組合法人さんぶ野菜ネットワークである。法人化によって部会の企業的な性格は強化され

ると考えられるが、企業としての採算性、構成員の同質性などを考えたとき、法人化という経営行動の選択には大きな困難がともなうと考えられる。第Ⅵ章において、当該事例の法人化プロセスを明らかにするとともに、法人化を可能とした条件について検討する。

【注】
1) 宮部［17］、p.12を参照。
2) 久保［10］、p.287を参照。
3) 農林水産省経営局協同組織課編『平成14年度　総合農協統計表』の巻末に付されている、「農業協同組合一斉調査票様式」内の注釈を参照。
4) 尾池［7］、p.122を参照。なお、以下での活動組織、機能組織、生産組織、内部組織の説明は、尾池［7］、pp.120～122を参照。
5) ここでの説明は、薄井［5］、p.537を参照。
6) 甲斐［8］、pp.48～51を参照。
7) 増田［15］、pp.72～73を参照。
8) 石田［4］、pp.406～407を参照。
9) 今井・伊丹・小池［2］、p.142を参照。
10) 藤沢［14］、pp.372～373を参照。
11) 小松［11］、pp.2～3を参照。
12) 以下の記述は、伊丹［1］、pp.6～17を参照。
13) ここでの資本の運動形式の考え方は、大橋［6］、pp.21～24を参照。
14) 注10と同様。
15) 以下での関係型組織と機能型組織の説明は、中條［13］、pp.247～266を参照。なお、中條［13］は、社会的関係の次元を、集合、対人関係、集団、団体、組織の五つに分類し、従来多くの研究において組織として捉えられてきたものは団体であることを明らかにするとともに、組織概念を精緻化している。本論では、議論を単純にするため、中條［13］が関係型団体および関係型組織の特徴としてあげたものを一括して関係型組織の特徴と捉え、機能型団体および機能型組織の特徴としてあげたものを一括して機能型組織の特徴と捉え、説明に用いている。
16) 宮川［16］、pp.79～82、および、守田［18］、pp.83～88を参照。
17) 例えば、石田［3］、p.13、斎藤［12］、pp.24～25などにおいて指摘されている。

【参考文献】

[1] 伊丹敬之「企業という生き物」『一橋ビジネスレビュー』、49巻3号、2001
[2] 今井賢一・伊丹敬之・小池和男『内部組織の経済学』、東洋経済新報社、1982
[3] 石田正昭「JA危機の問題構造とJA改革の新局面―再生のためのグランドデザイン」『農業と経済』、vol.71 No.7、2005
[4] 石田正昭「農協事業革新の論理と戦略」藤谷築次編『日本農業の現代的課題』、家の光協会、1998
[5] 薄井寛「農業協同組合の組合員組織」川野重任（編集委員長）『新版協同組合事典』、家の光協会、1986
[6] 大橋昭一・渡辺朗『現代経営学理論』、中央経済社、1999
[7] 尾池源次郎「農協の組合員組織」川野重任・桑原正信・森晋（監修）『農協経営と組合員』、家の光協会、1975
[8] 甲斐武至『農協の運営基準を考える』、全国協同出版、1995
[9] 北川太一「広域合併農協における作目別生産者組織の特質と再編課題」『協同組合研究』、第12巻第3号、1993
[10] 久保利文「産地マーケティング戦略における農協部会組織の役割」藤谷築次編『日本農業の現代的課題』、家の光協会、1998
[11] 小松章『企業形態論　第2版』、新世社、2000
[12] 斎藤修「マーケティングによる販売チャネルの多様化とその管理こそJAの課題」『農村文化運動』、176、2005
[13] 中條秀治『組織の概念』、文眞堂、1998
[14] 藤沢宏光『協同組合運動論』、家の光協会、1969
[15] 増田佳昭「協同組合における組合員の経営参加」山本修・吉田忠・小池恒男編著『協同組合のコーポレート・ガバナンス』、家の光協会、2000
[16] 宮川清一「業種別生産者組織と総合農協」『農業協同組合』、1957（11月号）
[17] 宮部和幸「農協部会組織の活性化に関する課題」『神戸大学農業経済』、第37号、2004
[18] 守田志郎「機能集団と総合農協」『農業協同組合』、1959（5月号）

第Ⅱ章

農協生産部会の展開過程と組織再編の今日的特徴

　本章では、これまでの農協生産部会の展開過程と、今日的な組織再編の特徴を考察する。具体的には、以下の四点を検討する。

　第一に、我が国園芸農産物の生産動向や集出荷機構を考察し、その中での総合農協の相対的な地位の変遷を明らかにする。第二に、近年の部会の組織再編について、農協改革論議の今日的な展開と照合しながらその特徴を考察する。第三に、部会の統合再編の実態を事例分析を通じて明らかにする。統合に際し、現場レベルでは何が具体的な論点となるのか、農業経営はどのような対応をとるのか、といった点について明らかにする。第四に、大型機械選別場の導入にともなう部会の質的な変化について、事例分析を通じて明らかにする。農家の経営行動や意識変化の分析から、新施設の導入後部会への結集力が弱体化している実態を明らかにする。

第1節　部会の展開過程

1　我が国園芸農産物の生産動向

　まず、我が国園芸農産物の生産動向を確認する。図Ⅱ-1に、野菜と果実の国内生産量および輸入量の推移を示した。野菜と果実の戦後の生産動向は、およそ四つの時期に分けることができる[1]。

　第一期は、終戦から1950年代までである。この時期、戦後復興の中で米麦を中心とする食糧増産が進められた。その一方で、園芸農産物も換金作物として

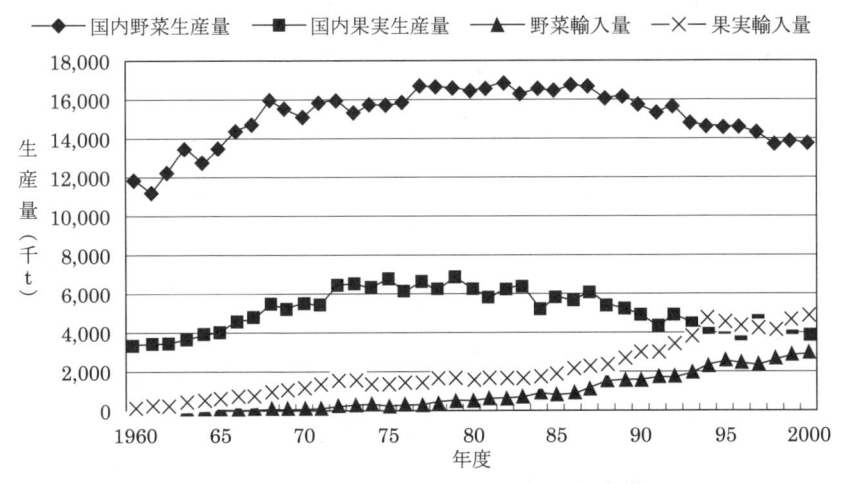

──◆── 国内野菜生産量　──■── 国内果実生産量　──▲── 野菜輸入量　──×── 果実輸入量

図Ⅱ-1　園芸農産物の国内生産と輸入量の推移
資料：農林水産省「食料需給表」より作成。

次第に生産が拡大し、果実生産は1950年頃、野菜生産も1950年代半ばには戦前水準に回復した。

第二期は、農業基本法制定から1970年代半ば頃までである。野菜と果実は選択的拡大部門に位置づけられ、園芸産地が全国各地に形成された。図から明らかなように、この時期に野菜、果実ともに大きく生産を伸ばした。その一方で、果実の輸入自由化が進展し、リンゴやミカンなどにおいては過剰問題が顕在化した。

第三期は、1970年代後半から1980年代前半までである。この時期に国内の園芸農産物生産は、それまでの生産拡大局面から停滞局面へと移行した。その主たる要因は、輸入自由化が一層進行し、供給過剰問題が深刻化したことである。この中で、国内産地は激しい産地間競争を展開した。

第四期は、1980年代後半から現在までである。円高の進行、WTO体制の発足などにより、需給をめぐる国際化が全面的に進行した。こうした中で、図から明らかなように輸入量が急増し、果実については輸入量が国内生産を上回るようになり、野菜についても輸入量が300万tに達した。また、高齢化や耕作放棄地の増加など生産基盤の脆弱化が顕著となった。そして、国内生産は停滞局

面から縮小局面へと移行した。

　では、このような我が国園芸農産物の生産動向の中で、部会がどのような発展経過をたどってきたのかについて、以下で考察する。まず、次の2項では、部会の前身である業種別組合の実態と部会創設の背景について見ていく。

2　黎明期の部会 ── 業種別組合の実態と部会創設の背景 ──

　部会創設の経緯について、佐伯[10]は、「農村の現実的変化への対応として、いわば自然発生的に生まれつつあったものを、農協が積極的に組織内部にとりこみ、これを育成・強化していったものである」（傍点引用者）と指摘し[2]、久保[7]は、「農協内部に作目別部会組織が普及しだすのは昭和30年代の後半とみられる。それまでにも部会組織は農業・農村の変化への対応として自然発生的に生まれつつあったが、とくに昭和36年にJAグループが打ち出した『営農団地構想』が一つの契機になった。」（傍点引用者）と指摘している[3]。

　両氏が指摘する自然発生的に生まれつつあった組織とは、果実組合や蔬菜組合などの業種別組合を指している。表Ⅱ-1には、1955年における区域別の業種別組合の設立状況を示した。特殊的部落農業団体が業種別組合を意味し、一般的部落農業団体は農家組合や農事実行組合などを意味している。表から明らかな通り、農事実行組合などに比べ、業種別組合の組織化範囲は広いものとなっている。ただし、市町村を超えるような組織はなく、その広がりには一定の地域的な制約が窺える。また、園芸では組織数が約4,500と少ないが、業種別組合全体では5万を超える組織が設置されており、戦後の農業復興の中で大きな役割を果たしていたことが推察される。

　この業種別組合には、戦後商業的農業が拡大する中で、①業者に従属して設立されたものと、②農家自身の動きによって設立されたものがあるとされ、その大半は、任意組合、専門農協、業者の下部団体などとして存在していた[4]。そのため、総合農協との結びつきは必ずしも強くなかった。半数を超える業種別組合が総合農協から助成を受けていたが、販売は業種別組合が自ら行い、肥料の共同購入や代金の振り込みのみ総合農協を利用するといった、部分的なつながりしか存在しない状況が多く見られた[5]。

表Ⅱ-1　1955年における区域別に見た部落農業団体の設置数

		組織の区域					計
		小字未満	小字区域	小字以上大字未満	大字区域	大字以上旧市町村未満	
一般的部落農業団体		26,970	35,535	34,351	20,693	1,775	119,324
特殊的部落農業団体	一般農事	2,976	5,332	5,646	4,666	1,697	20,317
	園芸	311	547	1,091	1,202	1,371	4,522
	特用作物	407	524	849	828	1,327	4,235
	養蚕	678	1,757	3,345	2,376	1,363	9,519
	畜産	247	457	861	1,363	2,465	5,393
	水利及び土地改良	442	529	1,494	1,799	2,237	6,501
	山林	76	233	414	462	821	2,006
	その他	280	429	543	539	455	2,246
	計	5,417	9,808	14,243	13,235	12,036	54,739
合計		32,387	45,343	48,594	33,928	13,811	174,063

資料：宮川[14]、p.324の第2表より引用。

このような状況が生み出された要因としては、戦後当初、食糧増産が強く求められたことや経営が不安定だったことから、米麦以外の部門への対応が総合農協にとって困難であったことが考えられる。加えて宮川[13]は、①無条件委託・共同計算という総合農協のスローガンに対する農家の不満、②総合農協の三段階制ごとの手数料への不満、③総合農協の技術指導の不徹底、④資金供給の停滞、⑤資材供給体制の不備など、今日においてもたびたび指摘されている系統事業の問題点を、要因として指摘している[6]。

しかし、食糧難が解消され食生活の多様化が進展すると、総合農協としても、園芸作目など成長農産物の掌握に努めざるをえなくなった。そのため1960年代に入ると、業種別組合を部会として積極的に取り込んでいる。特に、重要な契機となったのが、1961年に系統農協が打ち出した営農団地構想だった。均質な農産物の安定生産を通じた銘柄の確立、流通コストの低減、組織的な出荷調整機能の保持などを目指した営農団地構想では、作目ごとの部会組織の設置が重要な要件とされた[7]。以後、全国の農業地域すべての営農団地化を目指した系

統農協は、部会の育成を活発に進めた。

　他方、成長農産物の掌握とは別に、総合農協には部会の育成を進める必然性があった[8]。高度経済成長の中で農村社会が大きく変化し、農事実行組合など集落組織において、構成員の異質化や組織力の低下が進んでいたことである。つまり、集落組織が基礎組織としての機能を十分果たせなくなっていた。さらに、農協合併が地縁結合の希薄化に拍車をかけていたため、早急に組合員結集の新たな拠点を整備する必要性に迫られていた。部会は、その新たな拠点と考えられていた。

　加えてこの時期、圃場整備や選果場の設置など総合農協を事業主体とする構造改善事業が積極的に展開されたことも、部会の育成が進んだ要因と考えられる。それら事業は、生産や流通過程の合理化に不可欠だった一方で、資本力に乏しい業種別組合が実施主体となるのは困難だった[9]。つまり、構造改善事業の実施が、業種別組合に対して部会として総合農協の傘下に入る誘因になったと考えられる。

　以上のような背景の下で、部会は1960年代以降に設立が進んだ。では、その後、我が国園芸農産物の集出荷機構の中で部会がどのような発展を遂げたのかについて、次の3項で見ていく。

3　園芸農産物の集出荷機構と総合農協の相対的地位

　まず、図Ⅱ－2にもとづいて、園芸農産物の集出荷機構を概観する。園芸農産物の集出荷経路には、生産者の組織する出荷団体による集出荷（図の①～③）、集出荷業者による集出荷（図の④）、産地集荷市場を経由する集出荷（図の⑤）、生産者が個別に出荷する個人出荷（図の⑥）、という六つの経路がある。本研究が対象とする部会の集出荷は、総合農協を通じた集出荷に含まれる。部会単位の集出荷の実態を示す統計はなく、ここでは総合農協のデータを代わりに用いる。なお、部会を通じた集出荷では、選別や販売の共同化が行われている場合が多いと考えられ、実際に1980年において、野菜では約73％、果実では約80％の出荷団体でそれらの共同化が行われていた[10]。つまり、総合農協による集出荷のデータは、部会を通じた集出荷のデータをかなり反映していると

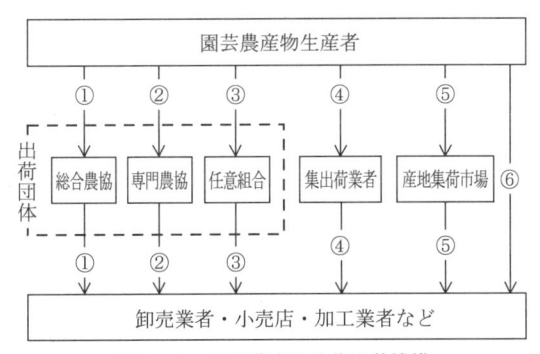

第Ⅱ章　農協生産部会の展開過程と組織再編の今日的特徴　45

図Ⅱ-2　園芸農産物の集出荷機構
資料：慶野 [9]、p.25 の図を参考に作成。

考えられる。

　さて、図に示した六つの集出荷経路のうち、生産者個人による出荷については明確なデータが存在していない。ただし、既存の研究によれば、個人出荷の割合は、1968年→1971年→1974年→1977年→1980年→1985年→1991年→1996年→2001年において、野菜では、50.0％→47.4％→46.0％→41.1％→39.4％→24.7％→21.9％→33.9％→29.6％、果実では、16.0％→18.4％→16.4％→20.7％→17.7％→17.9％→19.7％→18.7％→27.5％となる[11]。野菜では、個人からの出荷割合が一貫して減少してきたが、1990年代後半以降増加する傾向を示している。また、果実においても、1960年代後半から20％弱の割合で推移してきたが、近年個人出荷の割合が大幅に高まっていると考えられる。

　表Ⅱ-2は、この個人出荷を除いた五つの経路で集出荷を行っている組織を出荷組織とし、各々の経路における組織数、出荷量、そして出荷組織全体において占める割合を示したものである。総合農協について見ると、合併の影響のため一貫して組織数が減少している。しかし、1968年から2001年の間に、野菜においては、出荷量が約340万tから約670万tへと拡大し、出荷組織全体に占める出荷量割合も64.4％から75.4％へと拡大している。果実においては、出荷量が約195万tから約167万tへと減少したものの、出荷組織全体に占める出荷量割合は54.2％から70.8％へと拡大している。

　専門農協や任意組合については、野菜、果実ともに基本的な傾向として、組

表Ⅱ－2　園芸農産物出荷組織の組織数および出荷量の推移

(単位：組織数、1,000t、%)

		年度	出荷組織計	出荷団体計 実数	割合	総合農協 実数	割合	専門農協 実数	割合	任意組合 実数	割合	集出荷業者 実数	割合	産地集荷市場 実数	割合
組織数	野菜	1968	8,264	6,821	82.5	4,018	48.6	60	0.7	2,743	33.2	1,313	15.9	130	1.6
		1971	8,016	6,294	78.5	3,781	47.2	58	0.7	2,455	30.6	1,631	20.3	91	1.1
		1974	7,638	5,892	77.1	3,619	47.4	53	0.7	2,220	29.1	1,680	22.0	66	0.9
		1977	7,708	5,916	76.8	3,612	46.9	56	0.7	2,248	29.2	1,741	22.6	51	0.7
		1980	7,523	5,845	77.7	3,604	47.9	58	0.8	2,483	33.0	1,630	21.7	48	0.6
		1985	7,426	5,958	80.2	3,548	47.8	43	0.6	2,367	31.9	1,429	19.2	39	0.5
		1991	6,170	4,951	80.2	3,151	51.1	40	0.6	1,760	28.5	1,178	19.1	41	0.7
		1996	5,261	4,063	77.2	2,536	48.2	40	0.8	1,487	28.3	1,160	22.0	38	0.7
		2001	3,657	2,700	73.8	1,810	49.5	42	1.1	851	23.3	918	25.1	39	1.1
	果実	1968	5,476	4,029	73.6	2,458	44.9	123	2.2	1,448	26.4	1,375	25.1	72	1.3
		1971	5,181	3,581	69.1	2,278	44.0	113	2.2	1,190	23.0	1,555	30.0	45	0.9
		1974	4,925	3,405	69.1	2,187	44.4	115	2.3	1,103	22.4	1,493	30.3	27	0.5
		1977	4,900	3,365	68.7	2,114	43.1	111	2.3	1,140	23.3	1,517	31.0	18	0.4
		1980	4,761	3,357	70.5	2,153	45.2	99	2.1	1,105	23.2	1,385	29.1	19	0.4
		1985	4,337	3,167	73.0	2,007	46.3	91	2.1	1,069	24.6	1,148	26.5	22	0.5
		1991	3,619	2,723	75.2	1,801	49.8	96	2.7	826	22.8	873	24.1	23	0.6
		1996	3,064	2,232	72.8	1,412	46.1	93	3.0	727	23.7	813	26.5	19	0.6
		2001	2,275	1,580	69.5	1,020	44.8	60	2.6	506	22.2	678	29.8	17	0.7
出荷量	野菜	1968	5,265	4,169	79.2	3,389	64.4	79	1.5	701	13.3	864	16.4	232	4.4
		1971	5,852	4,223	72.2	3,473	59.3	127	2.2	623	10.6	1,322	22.6	307	5.2
		1974	6,465	4,845	74.9	4,145	64.1	118	1.8	582	9.0	1,341	20.7	279	4.3
		1977	7,760	5,848	75.4	5,072	65.4	113	1.5	663	8.5	1,682	21.7	230	3.0
		1980	8,373	6,685	79.8	5,941	71.0	134	1.6	610	7.3	1,448	17.3	240	2.9
		1985	8,977	7,181	80.0	6,537	72.8	86	1.0	558	6.2	1,494	16.6	302	3.4
		1991	9,007	7,226	80.2	6,652	73.9	101	1.1	512	5.7	1,512	16.8	269	3.0
		1996	8,963	7,007	78.2	6,533	72.9	100	1.1	374	4.2	1,578	17.6	378	4.2
		2001	8,941	7,211	80.7	6,744	75.4	217	2.4	250	2.8	1,395	15.6	335	3.7
	果実	1968	3,598	2,772	77.0	1,951	54.2	437	12.1	384	10.7	779	21.7	47	1.3
		1971	3,727	2,743	73.6	2,016	54.1	429	11.5	298	8.0	917	24.6	67	1.8
		1974	4,783	3,617	75.6	2,556	53.4	783	16.4	278	5.8	1,094	22.9	72	1.5
		1977	4,405	3,292	74.7	2,304	52.3	673	15.3	315	7.2	1,045	23.7	68	1.5
		1980	5,253	4,104	78.1	3,041	57.9	715	13.6	348	6.6	1,100	20.9	49	0.9
		1985	3,754	2,776	73.9	2,099	55.9	421	11.2	256	6.8	867	23.1	111	3.0
		1991	3,408	2,582	75.8	1,980	58.1	425	12.5	187	5.5	710	20.8	116	3.4
		1996	2,957	2,183	73.8	1,821	61.6	226	7.6	136	4.6	572	19.3	202	6.8
		2001	2,365	1,884	79.7	1,674	70.8	112	4.7	98	4.1	420	17.8	61	2.6

資料：1968年～1991年のデータについては、慶野［9］p.24を、1996年および2001年のデータについては、農林水産省「青果物集出荷機構調査報告」を参照。

注1）出荷組織とは、出荷団体、集出荷業者、産地集荷市場の三者を指す。

　2）割合は、出荷組織全体に対する割合を示している。

織数、出荷量、そして出荷量割合がいずれも減少しており、集出荷機構における役割が縮小している[12]。集出荷業者については、野菜、果実ともに、1970年代後半まで組織数、出荷量、そして出荷量割合がいずれも増加傾向にあったが、その後減少に転じている。また、産地集荷市場については、組織数はほぼ一貫して減少傾向にあるが、出荷量については変動が激しい。ただし、出荷量の規模が他の出荷組織に比して小さく、集出荷機構における相対的な役割は大きいものではない。

ところで、前掲した図Ⅱ-1によれば、我が国の園芸農産物の生産量は、野菜と果実どちらも戦後から1980年頃まで生産拡大傾向にあり、その後減少基調に転じている。このことと、ここまでに示した統計データを照合すれば、国内の園芸農産物集出荷機構は次のように変化してきたということができる。

野菜については、部会の育成が進められた1960年代の段階において、総合農協が出荷組織の中では約64％（個人出荷を含めた場合は約30％）という高いシェアを構築した。その後、1980年頃までの生産拡大基調の中で、その生産拡大分を総合農協と新規の集出荷業者が積極的に集荷し、シェアを拡大した。1980年代以降の生産減少基調になってからは、個人出荷や任意組合を通じて出荷を行っていた生産者が部会に組み込まれ、総合農協の出荷量および国内での相対的集荷力がさらに高まった。集出荷業者は、この流れに押される形で小規模業者が廃業し、大規模業者によって出荷量は維持しているものの[13]、相対的集荷力を弱めた。

果実についても、1960年代の段階において総合農協が、出荷組織の中では約54％（個人出荷を含めた場合は約45％）という高いシェアを構築した。その後、1980年頃までの生産拡大基調の中で、その生産拡大分を総合農協と集出荷業者が積極的に集荷した。1980年代に入り生産減少基調になると、その減少基調が野菜より激しく、いずれの出荷組織も集荷量を大幅に減らした。その中で、総合農協だけが出荷量割合を増やした。これは、専門農協や任意組合が解散し、総合農協の部会として再編されていることに主たる要因があると考えられる。

以上のように、総合農協は部会の育成を進めた1960年代以降、集出荷機構における地位を大きく向上させてきた。

第2節　農協改革の今日的展開と部会の組織再編

　しかしながら、近年その発展に翳りが見える。野菜と果実いずれも、個人出荷の割合が高まる傾向を見せており、部会から離脱する農家や、部会に所属しつつも個人販売を行う農家が増えていると考えられる。

　このような状況は、流通環境の変化に対し、総合農協が対応できていないことに起因するといえよう。さらに、近年の農協改革と併行して進められている部会の組織再編が、部会員の離脱や個人販売の拡大に拍車をかけていると考えられる。以下、近年の農協改革と部会の組織再編の実態について見ていく。

1　農協改革の今日的展開

　前掲した表Ⅱ-2によれば、出荷団体としての総合農協の組織数は、野菜、果実ともに、1968年以降ほぼ一貫して減少している。この背景にあるのは、1961年の農協合併助成法の制定以来、政府助成の下で取り組まれている農協合併である。表Ⅱ-2から、1968年から1991年の間に、野菜では4,018から3,151、果実では2,458から1,801へと緩やかに組織数が減少したことを確認できる。しかし、その後の組織数の減少は著しい。2001年における組織数は、野菜では1,810、果実では1,020となっており、10年間で組織数はそれぞれ約43％、約42％減少した。その結果、1970年代以降およそ市町村の枠組みと一致していた総合農協の地理的範囲は広域化し、複数の市町村を範囲とするようになった。

　近年の急速な農協広域合併は、金融自由化への対応として進められている。そのきっかけとなったのが、1985年10月の総合審議会（全国農業協同組合中央会会長の諮問機関）での答申、「金融自由化等に対応する農協の経営体制・業務機能等の整備強化について」だった。そこでは農協合併の推進方針として、「正組合員戸数3,000戸以上を最低規模目標とする。なお、都市化によっては実情に応じて貯金残高300億円以上とする。」として、初めて貯金残高による合併目標が示された。そのためこの答申が、それまでの組合員の意思反映や経済圏と行政圏の一致をある程度配慮した「規模格差是正」や「合併の総仕上げ」のため

の広域合併から、金融自由化対応のための広域合併への転機になったと指摘されている[14]。

以後、1988年の第18回全国農協大会では、「21世紀までに1,000農協を目指す」という合併構想が打ち出され、1991年の第19回全国農協大会では、「連合組織の統合による2段階制への移行」、その前提として、「農協の広域合併の早期実現」、「貯金残高300億円～500億円」という合併目標が打ち出された。また、住専問題を契機として1994年の第20回全国農協大会で提案され発足したJA改革本部は、系統組織再編の前倒し断行を決め、その前提条件である農協の広域合併を一層推進することとした。

さらに、2000年代に入ってからも、金融問題への対応を主眼とした農協改革が続いた[15]。2000年に取りまとめられた「農協改革の方向」(農協系統の事業・組織に関する検討会による報告書)、そこでの議論が取り入れられた2001年の農協改革二法によって、JAバンクシステムが確立されることとなった。JAバンクシステムでは、自主ルールの下で農協の経営をモニタリングし、経営改善策や統合を実行する破綻未然防止システムが整備され、それでも破綻した場合に備えて、相互援助制度の充実や指定支援法人の整備も行われた。これらによって、金融機関としての総合農協の生き残りや、安全性に万全を期す体制が整備された。その一方、厳しいルールを自らに課すJAバンクシステムの下で、経済事業も厳しく規制されることとなった。具体的には、他事業収支が二期連続で赤字の場合、①人員、経費の削減、②不採算業務や施設の統廃合、見直し、③配当や還元水準の見直し、手数料体系の抜本的見直し、などの経営改善策が求められることとなった。このことを契機に、広域合併を主たる手段として金融自由化への対応を目指してきた農協改革は、その主眼が経済事業の改革へ移行することとなる。

折しもこの時期、政府は国内経済の構造改革に大きく舵を切り始めており、経済財政諮問会議や総合規制改革会議といった場で、財界などの有識者を中心として、総合農協の存在が農業の構造改革を抑制しており、経済事業を含む系統事業の抜本的な見直しが必要との声が強くなっていた。その中2003年3月、農水省設置の農協のあり方についての研究会による報告書、「農協改革の基本方

向」が取りまとめられることとなる。そこでは、「信用事業については、一定の成果が上がっているものの、経済事業等については、十分な改革が実行されているとは言いがたく、組合員である農業者からも改革の確実な実行とその加速化が求められている」との認識の下、農協改革の基本方向として、①国産農産物の販売の拡大、②生産資材コストの削減、③生活関連事業の見直し、④経済事業等の収支均衡など、経済事業の改革が全面的にとりあげられた。

　この報告書の議論を大きく受け入れた2003年10月の第23回全国農協大会では、「JA改革の断行」をスローガンとして、「組合員の負託に応える経済事業改革」が決議された。そこでは、「金融部門における環境変化は、従来のようなJA経営の信用・共済部門への依存を困難にさせており、経済事業について事業システムの抜本的見直しを含めた収支改善策を講じないと、総合事業体としてのJAの機能発揮が困難になる」との認識の下、①協同経済事業を通じ、生産者・消費者に最大のメリットや満足を提供、②競争環境のもとで継続して事業を展開するため事業ごとの収支の確立、という二つの視点から経済事業改革に取り組むことが謳われた。

　この大会決議によって、元々財界などから強く求められていた経済事業改革は、農協自身が主体的に取り組む問題として位置づけられることとなった。そして現在の農協は、組合員にメリットを創出しつつ事業の採算性を確保するという、経済事業改革の真っ只中にある。

2　部会の組織再編の実態

　このような農協改革の中で、部会も組織再編を続けてきた。表Ⅱ-3に、1975年以降における部会の組織数の推移を示した。この表から、野菜と果実ともに、1990年頃まで部会の組織数が増加傾向を示していたことが確認される。しかし、その後急速に減少に転じており、1990年と2003年で比較すると、部会の組織数は野菜では約31％、果実では約38％減少している。総合農協の広域合併と、ほぼ同様の傾向を示しているといえよう。

　総合農協と部会の広域化は、出荷団体としての大型化をもたらすこととなる。図Ⅱ-3に、野菜と果実について、出荷団体別に見た出荷量の推移を示した。

表Ⅱ-3　部会と営農関連事業の再編実態

	部会数 野菜	部会数 果実	営農指導員数 野菜	営農指導員数 果実	青果物集荷施設数	青果物選果施設数
1975	7,900	4,404	—	—	—	—
1980	8,698	4,152	—	—	—	—
1986	10,102	4,687	4,441	2,084	6,928	2,440
1990	10,662	4,599	4,826	2,141	6,850	2,482
1991	10,538	4,656	4,860	2,092	6,821	2,455
1992	10,401	4,560	4,830	2,070	6,735	2,445
1993	10,106	4,329	4,764	2,088	6,563	2,380
1994	9,930	4,230	4,730	2,072	6,367	2,387
1995	9,819	4,062	4,680	2,005	5,966	2,331
1996	9,538	3,911	4,597	1,958	5,934	2,307
1997	9,182	3,639	4,444	1,954	5,522	2,293
1998	8,732	3,529	4,372	1,915	5,594	2,210
1999	8,348	3,408	4,366	1,920	5,550	2,149
2000	8,116	3,348	4,458	1,884	5,342	2,074
2001	7,489	3,098	4,221	1,816	5,102	2,056
2002	7,479	2,996	4,278	1,795	4,976	1,970
2003	7,316	2,849	4,222	1,767	4,821	1,900

資料：1975年と1980年のデータは、薄井［3］、p.537を参照し、その他は該当年度の総合農協統計表を参照した。

注）—については、データを入手できなかった。

まず、野菜について見ると、1総合農協あたりの出荷量は1968年以来一貫して拡大している。特に1991年以降の伸びは顕著で、2001年までの10年間でほぼ2倍に拡大した。一方、1970年代から2,000t前後の出荷量で推移してきた専門農協は、1996年から2001年にかけて総合農協以上の伸びを示している。これは、生協や外食産業などと取引を行ってきた産直グループが発展して、専門農協として再編されているためと考えられる[16]。近年の注目すべき動きといえよう。なお、任意組合については300t前後で一貫して推移している。

次に、果実について見ると、1総合農協あたりの出荷量は1980年頃まで緩やかに拡大する傾向を示していたが、国内果樹生産の縮小と歩調を合わせるように1985年には縮小へと転じている。しかしその後、再び拡大する傾向を示しており、2,000tへ達しようとしている。一方、1出荷団体あたりの出荷量では圧倒的な規模を誇ってきた専門農協は、1980年以降急速な縮小を続けており、2001年には総合農協と出荷規模がほぼ同様になっている。また、任意組合について

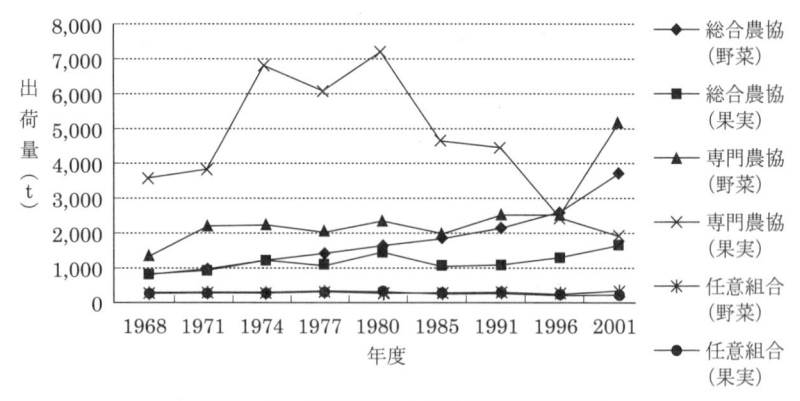

図Ⅱ-3　1出荷団体あたりの出荷量の推移
資料：表Ⅱ-2と同様。

は、200トン前後と小規模で推移している。

　以上のように、近年総合農協の出荷規模は拡大している。このことは、大型量販店の拡大が進む中で、販売単価を維持・向上させるための積極的な対応と捉えることができる。ただし、営農関連事業の再編や生産技術の統一など産地としての一体性を高める努力が行われない限り、その効果は限定的なものとなろう。そして現実は、必ずしも出荷規模拡大のメリットが発揮されていないと考えられる。その主たる要因は、すでに見てきたように、近年の総合農協の広域合併が産地規模の拡大ではなく金融自由化への対応として進められてきたことにある。事実、合併の効果として、信用・共済事業範囲の拡大、社会的信用力の向上、経営基盤の強化などが指摘される一方で、組合員にとって目的が不明確な合併が多いこと、合併の準備段階において組合員の討論参加がほとんどないこと、合併後に組合員の意思反映機会が減少していることなど、組合員不在の合併となっていることが問題点として指摘されている[17]。また、営農指導や販売事業の強化が、広域合併計画における最大の目的として掲げられる場合が多いが、部門別採算性が追求される中で、それらの不採算部門は合理化の重点対象とされ、公約違反ともいえる職員の削減や施設の統廃合が進められているケースが散見される[18]。

　この点について、先の表Ⅱ-3によれば、部会の事務局を務めるなど部会員

と密接な関わりをもつ営農指導員は、1990年代に入ってから減少していることが確認される。また、部会の拠点施設である集荷施設や選果施設も同様の傾向を示している。それらの減少速度は、部会数の減少に比べると緩やかであり、部会の統合を待って、それら合理化策が進められているのが実態と推測される。ただし、統計データは2003年までしかなく、今日の農協が経済事業改革の真っ只中にあることを考えれば、経済事業の合理化圧力の中で、部会の統合さえも合理化の手段と化している実態も想定される。

　今日の部会の組織再編は、農協の広域合併を契機に、産地としての長期的なビジョンの構築や部会員間の十分な話し合いを経ないまま拙速に進められている。部会員の離脱や個人販売の拡大といった事態は、このような状況の中で進展しているといえよう。

第3節　部会の統合過程に関する事例分析

　本節では、部会の統合過程において、現場レベルでは何が具体的な論点となるのか、また、農業経営はどのような対応をとるのかについて、事例分析を通じて明らかにする。

　事例とするのは、1995年に岡山県南西部の総社市農業協同組合、真備町農業協同組合、山手村農業協同組合、清音村農業協同組合、吉備昭和農業協同組合の広域合併によって設立された、吉備路農業協同組合（以下、JAきびじと略す）管内のモモ出荷組合である[19]。同出荷組合を事例として、次の検討を行う。

　第一に、農協広域合併後の産地の組織機構と各構成主体の概況・役割について明らかにする。第二に、広域合併後に行われた出荷組合の統合、特に共同計算統合の話し合いが決裂していることから、この状態を産地がコンフリクト状態に陥ったと捉え、マーチ＝サイモンの組織コンフリクト論に準拠して、その発生メカニズムを明らかにする。第三に、共販一元化の話し合い決裂後に各出荷組合がとった行動をコンフリクトに対する代替的適応行動と捉え、その行動の意味と出荷組合の組織再編の方向性について考察する。

なお、本稿が部会として捉えてきた組織は、当該事例の出荷組合に該当する。当該事例には部会の名称をもつ組織も存在するが、一般的な部会に備わっている特徴を有していない。各組織の実態については後述する。

1 事例産地の概況

(1) JAきびじの概況と産地の組織機構

JAきびじの販売事業取扱高は約30億円となっており、モモはそのうち約1割を占めている。同農協のモモ出荷量は、県内の農協の中で四番目の位置にある。また、農協単位で県内最高の平均単価を有しており、2000年の平均単価は680円／kgと、県平均を約100円上回った。

合併後に成立した産地の組織機構を示せば、図Ⅱ-4のようになる。当農協を通じて共販として農家がモモを販売しようとする場合、S1組合、S2組合、F組合、J組合、O組合、Y部会のいずれかの出荷組合に所属しなければならない。各出荷組合は、後述するように地区ごとに成立しており、生産者は自分の居住地区にある出荷組合に加入するのが原則となっている。そして、出荷組合ごとに共同計算が行われている。六つの出荷組合は農協の合併前から存在していたが、モモ部会は農協の広域合併にともなってつくられた新設の組織である。同部会は、管内のモモ共販参加農家によって構成され、各出荷組合の役員によって運営されている。

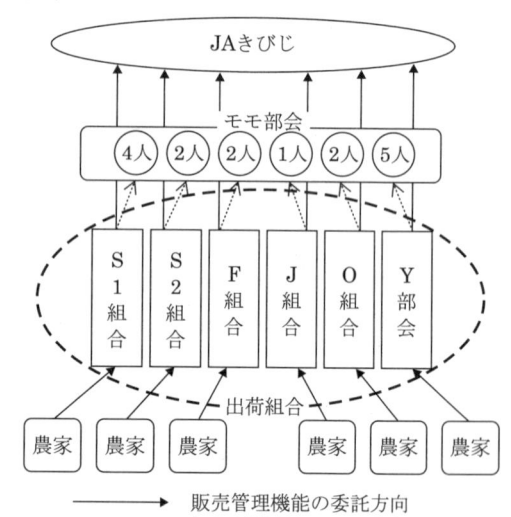

(2) 産地を構成する組織主体の概況と役割

1) 農家と出荷組合

六つの出荷組合と各出荷

図Ⅱ-4 事例産地の組織機構
資料：JAきびじへの調査にもとづき作成。

→ 販売管理機能の委託方向
⇢ 部会運営者としての参加人数

組合を構成する農家の概況については、表Ⅱ-4に示した。各出荷組合は、いずれも特定支店管内在住の農家を中心に構成されており、利用集荷場もそれぞれ異なっている。

　旧総社市農協には、合併前から四つの出荷組合が存在し、同農協を通じてそれぞれ共販が行われてきた。特にS支店管内は戦前からモモ生産が盛んな地区で、1968年に地区内の篤農家層によりS1組合がつくられた。同組合は、県の試験機関などと連携して栽培技術を向上させ、1988年からは完全共選方式によって選果を厳格化し、現在出荷荷口（共同計算）単位としては県内最高の平均単価を実現している。一方、S1組合に参加しなかったS支店管内農家は農協を通じて個別販売を継続していたが、流通の大型化に対応するため1993年にS2組合を結成し共販体制を確立した。同時期に、同じく農協を通じて個別販売を行

表Ⅱ-4　出荷組合と農家の概況

旧農協名	出荷組合名	販売金額（千円）	平均単価（円/kg）	選果形式	戸数	経営規模	居住地と経営主の年齢
総社市	S1組合	133,556	925.1	完全共選	10	75a	農家は全員S支店管内在住 40歳代：2戸、50歳代：3戸、 60歳代：2戸、70歳以上：2戸
総社市	S2組合	16,147	647.5	持ちより共選	15	25a	農家は全員S支店管内在住 50歳代：1戸、60歳代：6戸、 70歳以上：8戸
総社市	F組合	22,532	574.8	持ちより共選	28	25a	農家は全員H支店管内在住 30歳代：1戸、40歳代：3戸、 50歳代：5戸、60歳代：14戸、 70歳以上：5戸
総社市	J組合	3,665	389.0	持ちより共選	8	15a	農家は全員J支店管内在住 60歳代：5戸、70歳以上：3戸
真備町	O組合	18,848	466.1	持ちより共選	8	40a	農家は全員K支店管内在住 60歳代：5戸、70歳以上：3戸
山手村	Y部会	94,191	591.3	持ちより共選	80	25a	S支店管内：2戸、A支店管内：5戸、Y支店管内：73戸 40歳代：1戸、50歳代：6戸、 60歳代：40戸、70歳以上：33戸

資料：図Ⅱ-4と同様。
注）構成農家の概況については、2001年当時のデータを、出荷組合の概況については、合併当初の1997年当時のデータを示している。

っていたJ支店管内の農家もJ組合を立ち上げた。また、1980年代にはブドウとの複合経営農家を中心にF組合が結成され、共販が行われてきた。このように1995年の農協広域合併前から、旧総社市農協においては四つの出荷組合が並存しており、農協共販は一元化されていなかった。一方、旧真備町農協や旧山手村農協では、いずれも1970年代にそれぞれO組合、Y部会を通じた一元共販体制が確立されていた。

表Ⅱ-4から明らかなように、S1組合の構成農家の多くは専業農家で、他の組合に比して経営規模が大きい。また同組合は、生産者に対し生産管理に対する高いレベルでの統一、統制を求めている。その結果、S1組合の出荷商品は大玉に特化しており、例えば2001年において、13玉以下の大玉率は67.5％とJAきびじの平均40.0％を大きく上回っている。S1組合は、大玉生産という製品差別化を実現しており、機能別組織としての性格が強い。他の出荷組合は、その構成農家の大半が第二種兼業農家、あるいは高齢専業農家であり、組織統制もS1組合のように厳しいものではない。

出荷組合は、販売管理機能の大半を担っている。特に、品種の選定、選別の強度などマーケティングにおける重要な役割を出荷組合が果たしている。このことが、同じ農協を通じた共販でも、出荷組合間で大きな販売単価差が生じている要因の一つとなっている。

2) 部会

部会の運営を行うのは、各出荷組合の役員である。そして、S1組合の役員を除けば、彼らは各出荷組合における検査員も担っている。検査員は、各生産者が出荷規格ごとに製品化したモモが、その出荷規格に適合しているかを判断する役割を負っている。

部会の役割については、合併から2年後の1997年に、2001年の達成を目標としてつくられた「きびじ地域営農振興計画書」によって窺い知ることができる。同計画書では、生産振興と販売マーケティングにおける課題として、「第一に、出荷組合が小規模かつ多数で、品質に組合間格差があること、第二に、荷口が小さいため、スーパー等大口消費や産地直売など多様化する消費者ニーズに対応できていないこと、第三に、出荷販売・精算事務など品目ごとの合併メリッ

トが発揮できていないこと」をあげている。さらに、「部会を通じて生産農家の意思統一を図り、集出荷施設を統合して一元集荷体制を確立する必要性がある。」と述べている。出荷組合の再編が進まない限り、産地にとっても農協経営にとっても合併のメリットが生かされないという事実が強く示唆されている。そして、この再編を進める上での調整機関としての役割が、部会に対して強く求められた。

3) 農協

現在JAきびじでは、販売担当3名、集荷場担当6名の計9名によってモモ共販に対応している。販売担当3名は、本店、マキビふれあいセンター、山手支店に配属されており、それぞれ旧総社市農協が担っていた四つの出荷組合の分荷機能、旧真備町農協が担っていたO組合の分荷機能、旧山手村農協が担っていたY部会の分荷機能を引き継いでいる。集荷場担当6名は、各出荷組合の事務局が置かれている支店に配属されており、分荷が円滑に行われるよう集荷場に出向き、出荷数量確認、運送業者の手配などを行っている。このような人的体制は経営の高コスト化を招いており、農協が出荷組合の再編を求める理由の一つとなっている。さらに、集荷場の減価償却費、光熱水費なども農協が負担しており、合併後の農協では、出荷組合の再編と合わせて集荷場の統廃合も進める必要性に迫られた。

2 組織コンフリクトの発生メカニズム

(1) マーチ＝サイモンの組織コンフリクト論

マーチ＝サイモンは組織行動を、「組織による連続した意思決定のプロセス」として把握し、コンフリクトを「意思決定の標準メカニズムの機能停止」と定義づけている[20]。意思決定行動が正常に機能していれば、組織はコンフリクトを経験しない。JAきびじ管内のモモ産地を一つの組織として捉えるならば、共同計算の統合に関する話し合いが決裂した当該事例は、まさにコンフリクト状態に陥ったといえよう。

マーチ＝サイモンの組織コンフリクト論、特に「組織的コンフリクト」は、組織内の各部門または個人が受容可能な代替案をもっているか否かによって、

「個人ないしグループ間の組織的コンフリクト」と「個人ないしグループ内の組織的コンフリクト」の二つに分類される[21]。ここでは、農協、部会、出荷組合、農家を組織内の部門または個人（以下、単に主体と略す）として論述するが、後述するように各主体は共同計算の統合に関して受容可能な代替案を有している。そこで「個人ないしグループ間の組織的コンフリクト」（以下、単に組織コンフリクトと略す）を適用する。組織コンフリクトが発生するのは、「共同決定の知覚された必要性」と「目標の相違」が成立している場合である[22]。

「共同決定の知覚された必要性」に関しては、そもそも共同計算の統合という組織的意思決定には対象となる出荷組合や農協の合意が必要であり、共同決定の必要性が認識される。ただしマーチ＝サイモンは、①限られた資源に対する相互依存性が強いほど、②組織内のレベルが上位にいくほど、「共同決定の知覚された必要性」は強く発生するとしている[23]。この点を当事例に置き換えて考えると、①限られた資源に対する相互依存性に関しては、農協の販売管理機能が該当する。各出荷組合は、同機能を一つの農協からそれぞれ受け取っており競合関係にある。加えて、農協の経営環境は決して良好ではない。そのためより良い機能を受け取るためには、他の出荷組合と共同で何らかの決定を行う必要が生じる。また、②組織内のレベルに関しては、各出荷組合を調整する立場にある部会、指導事業主体という側面も有している農協があてはまる。事実、共同計算の統合をめぐる話し合いは農協からのもちかけによって始まっており、話し合いの中心となったのは部会だった。

次に、「目標の相違」について検討する。今日、流通の大型化が進んでおり、どの出荷組合も出荷量を増やす必要性に迫られている。そのため、共同計算の統合という目標が形成される。さらにその条件として、出荷組合が担っている販売管理機能や生産者が担っている生産管理機能のうち、何をどの程度統一するかという課題が提起される。しかし、農業経営が異質化し、出荷組合の組織機能にも相違が発生している中で、条件の統一は困難となる。このため、共同計算の統合という目標に相違が生じることとなる。

以下では、論点となった条件と各主体の反応についてみながら、組織コンフリクトの発生メカニズムを明らかにする。

(2) 共同計算統合をめぐる話し合いとその決裂

表Ⅱ-5に、共同計算の統合をめぐって論点となった条件と、各主体の反応を示した。共同計算の統合に関する動きは、実際には1995年の農協広域合併の前から始まっていた。S1組合が、農協に対して広域合併の条件として、共販の一元化をしないことを求めたのである。すでに一定ロットを確保し、厳格な組織統制により市場で県内最高の平均単価をつけているS1組合にとって、安易な共同計算の統合は、自組織がこれまでに築き上げてきたブランドを崩壊させるものだった。逆にいえば、S1組合と同程度の組織統制を他の出荷組合が受け入れることが共同計算統合にあたっての最低条件であり、表Ⅱ-5の①組織統制の厳格化はこのことを意味している。この条件に対しては、農協以外の他の主体はすべて反対であったと考えられる。農協にとっては、販売単価の向上が望める組織統制の強化は自身の経営効率の向上につながるものであったが、他の主体を構成する生産者の高齢化は著しく進んでおり、そのような条件を受け入れることは農業経営の存続を危うくさせるものであった。

このため、1998年に行われた共同計算の統合に関する話し合いには、S1組合は全く関与しなかった。この話し合いは、農協合併から3年が経過し、先に述べた「きびじ地域営農振興計画書」にもとづいて、農協がS1組合を除く五つの出荷組合に対して共同計算統合の話をもちかけたことによって始まった。話し合いは、S1組合の役員を除く部会運営者を中心に行われた。表Ⅱ-5に示した、②集荷場の統一、③検査員の巡回制、④検査目合わせの強化は、この話し合いにおいて論点となった共同計算統合のための条件である。

最初に議論となったのは、②集荷場の統一であった。これは、集荷場を一つに集約して、持ちより共選方式で集荷場運営を完全に統一するというものであ

表Ⅱ-5 共同計算の統合をめぐる条件と各主体の反応

条件（下位目標）	農協	部会	S1組合	S2組合	F組合	J組合	O組合	Y部会
①組織統制の厳格化	○	×	○	×	×	×	×	×
②集荷場の統一	○	○	―	×	×	×	×	○
③検査員の巡回制	×	×	―	○	○	○	○	○
④検査目合わせの強化	×	○	―	○	○	○	○	×

注）○は賛成、×は反対、―は関与せず、を表す。

ったが、五つの出荷組合から出荷される荷を収容できる集荷場はY部会が利用している集荷場しかなく、事実上Y部会が他の出荷組合を吸収するかどうかの議論となった。この条件に対しては、Y部会を除く四つの出荷組合から反対の声があがった。彼らが懸念したのは輸送の問題であった。Y部会の集荷場から最も遠いと考えられるO組合の場合でも車で30分程度の輸送距離であったが、車の運転が困難な高齢農家も多く、農業経営を存続する上で受け入れられない条件であった。

そこで、集荷場を集約せずに共同計算を統合するための条件が模索された。これが、③検査員の巡回制、④検査目合わせの強化である。③検査員の巡回制は、五つの出荷組合の検査員が、自らの出荷組合以外の集荷場にも検査作業のために出役し、出荷期間中五つの集荷場を巡回することによって、各集荷場での検査作業の客観性や同質性を高めて共同計算を統合するというものである。この条件については、話し合いの中心にあった部会運営者自らが不可能との結論に達した。彼らもやはり大半は高齢農家であり、検査労働が過重になるのとともに、自らの生産管理に支障が生じると考えたからである。そこで④検査目合わせの強化、つまり各品種の出荷開始時期に農家検査員が集まり、検査強度についての事前打ち合わせを入念に行うことによって共同計算を統合するという条件が議論された。この条件に対しては、Y部会が最終的に反対の姿勢を示した。Y部会はすでに一定のロットを有しており、このような共同計算統合は単なる数合わせの観が強く、自組織にとって利益が少ないと考えたのである。

以上、共同計算の統合をめぐる四つの条件に対する各主体の反応を見てきた。表Ⅱ-5から明らかなように、各主体とも受け入れ可能な条件を有している。しかし、その条件の中身に差があったために「目標の相違」が生じ、組織コンフリクトが発生したと考えられる。

(3) 組織コンフリクトにおける三つの対立軸

以上に示した組織コンフリクトにおいては、三つの対立軸が存在したと考えられる。第一の対立軸は、機能別組織と地縁組織である。機能別組織としての性格が強いS1組合を構成する農家と、機能別組織としての性格が弱く、地縁が組織の結集軸となっている他の出荷組合を構成する農家との間では、経営目的

が大きく異なる。前者は専業農家として所得をあげることが第一目的だが、後者の大半は第二種兼業農家であり、所得は必ずしも第一目的ではない。このように経営目的に根本的な差があるため、両者の間の一致点は見出されにくい。

　第二の対立軸は、部会運営者と一般農家である。この対立軸は、②集荷場の統一と③検査員の巡回制、の二つの条件において顕著になった。部会の運営者は各出荷組合の役員でもあり、自組織あるいは産地の将来への危惧を知覚しやすい立場にある。そして実際に、調整機関としての役割遂行も求められている。しかし、一般農家にとっては産地の存続よりも自身の経営存続の方が問題であり、その結果が②集荷場の統一への反対となった。他方、自身の経営の存続が保証され、単価の向上も望める③検査員の巡回制については賛成だったが、検査員でもある部会の運営者にとっては受け入れられない条件だった。

　第三の対立軸は、大規模地縁組織と小規模地縁組織である。これは、④検査目合わせの強化をめぐって顕在化した対立軸である。そもそも④は、第二の対立軸によって問題となった部会の運営者と一般農家の間の対立、輸送の問題と検査員の過重労働の両方をクリアする代替案であった。しかし、Y部会が反対したことにより、この案は実現されなかった。これは、先に述べたようにすでに一定のロットがある中で、検査体制が曖昧にならざるをえない方法で統合してもY部会にとって単価への上昇効果が少なく、逆に統合によって、検査のばらつきなどで自組織に生じる負の影響が大きいと判断したためといえよう。

　以上のように、大きく三つの対立軸があったと考えられる。

3　出荷組合の代替的適応行動

　出荷組合間での共同計算統合は、組織コンフリクトが発生し合意形成に至らなかった。しかし、これで産地における組織行動が完全に停止したわけではない。各出荷組合とも組織コンフリクトの中で、代替的な行動を起こしている。以下では、その行動を代替的適応行動と捉えて考察を行う。

(1) 個人の受け入れと完全共選方式への移行

　Y部会は、個人の受け入れと持ちより共選方式から完全共選方式への移行を行った。同部会は1998年から1999年にかけて、S1組合やS2組合と地理的に近

いA支店管内に在住し、農協を通じて個別販売を行っていた農家5戸のY部会への加入を農協の仲介の下で認めた。また、S1組合の組織統制に対する考え方との相違から、同組合を離脱した農家2戸の参加も認めた。これら7戸の農家を合わせた出荷量の規模は、S2組合の出荷量に匹敵するものであった。こうした個人の受け入れを行うことにより、Y部会はロットの拡大を図った。ただしその一方で、S2組合から個人レベルでY部会への移動を希望している農家に対しては、受け入れ拒否の姿勢を示している。これは、この農家がS2組合の役員（検査員）であり、同農家を受け入れた場合S2組合の衰退が著しいと考えられたからである。

　また、2000年度より、パート作業員を雇うことによって、持ちより共選方式から完全共選方式へ移行している。完全共選のメリットは、①個別経営が選別作業をアウトソーシングすることにより、経営規模の拡大や生産管理への集中が図れること、②選別作業を共同で行うため、箱詰め後に検査のみを行う持ちより共選に比べて等階級の格づけに対する同質性、客観性が高く、市場において高値で評価されること、などがあげられる。ただしこれには、パート作業員を雇用するためのコストが発生する。Y部会の場合、多くの農家は高齢農家であって経営規模拡大はほとんど行われていない。そのため、販売単価への波及額がパート人件費を上回ることが重要な条件となる。Y部会の場合、新たに発生したコストは1ケースあたり300円であった。販売単価への波及額は、市場価格が毎年変動しているためその把握は難しいが、例えば完全共選開始年度の2000年度の販売単価は、1ケースあたり前年度に比べて平均480円の伸びを示した。同時期に他の組合の中でこのような伸びを示した出荷組合はなく、一定の効果をあげているといえよう。

(2) 小規模出荷組合の共同計算統合

　F組合、J組合、O組合は、共同計算の統合を行った。特に、O組合の組合長が牽引者となって実現された。同組合長は、先に述べた五つの出荷組合による共同計算統合に対しても積極的に動いた。組合長として、あるいは部会運営者として産地の将来を危惧し、共同計算統合の必要性を強く知覚している。また、S1組合の農家が参加している県レベルでの栽培研究会にも参加するなど、積極

的に生産技術の向上に努めている。そのため、五つの出荷組合による共同計算統合が不可能になった後に、S1組合からの誘いもあり個人レベルでS1組合への移動を検討した。しかし、O組合長が抜けた後の同組合の存続に懸念をもっていた農協の強い反対により、断念することとなった。

そこで、同組合長は代替策として、F組合、J組合、そしてO組合の共同計算統合に向けて動いた。F組合とO組合は出荷先が同じで、販売単価も出荷量も比較的同程度の出荷組合であり、この二つの組合の話はまとまりやすかった。一方、J組合は出荷先が異なり、販売単価も出荷量もF組合、O組合に比べて劣っていたが、F組合とO組合の販売金額を合わせても5千万円にも満たず少しでもロットを大きくする必要があったこと、三つの出荷組合が地理的に近かったことなどから、三出荷組合で共同計算を統合することとなった。その統合条件は、五つの出荷組合による共同計算統合の話し合いにおいてはY部会の反対によって実現されなかった検査目合わせの強化であった。そして、2002年度より三出荷組合の荷口統一が開始された。

(3) 代替的適応行動の意味

六つの出荷組合は、前述の対立軸にもとづけば、図Ⅱ－5に示したように機能別組織、大規模地縁組織、小規模地縁組織の大きく三つに分けられる。以下、この図にもとづいて、各出荷組合がとった代替的適応行動の意味を考察する。

まず、機能別組織であるS1組合については、2名が組織統制に対する考え方の相違から離脱し、大規模地縁組織へ移動した（図Ⅱ－5の①の動き）。これは、現在の県内最高の平均単価を維持していくために、組織統制を維持するための適応行動だった。つまり、S1組合は機能別組織として継続的に純化している。次に、大規模地縁組織であるY部会については、個人の受け入れと完全共選への移行を行っている。これは、機能別組織と小規模地縁組織、いずれとも共同計算の統合が困難な中での代替的な行動だった。つまり、ロットの拡大と完全共選への移行によって、共同計算の統合と同等以上の利益を得ようとしたのである。また、小規模地縁組織においては、共同計算の統合が行われている。これは、機能別組織や大規模地縁組織との間では組織コンフリクトが発生して不可能であったが、小規模地縁組織間では利害が一致し、共同計算統合という行

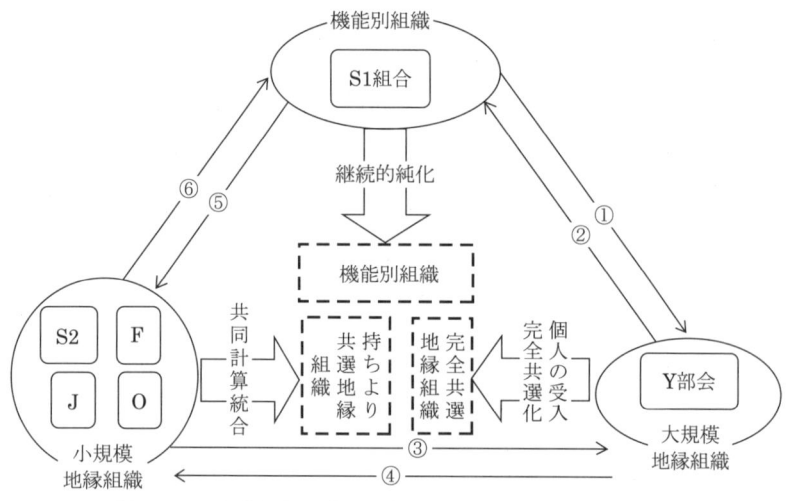

図Ⅱ-5　出荷組合のグループ構造と適応行動にともなう再編

　動が可能となったのである。
　各出荷組合がとった代替的適応行動は、機能別組織と地縁組織、大規模地縁組織と小規模地縁組織という二つの対立軸を残すこととなった。ただし、もう一つの対立軸である部会と一般農家の間のコンフリクトは、緩和されたということができよう。なぜならこれらの行動によって、部会の運営者が強く知覚する産地の存続、あるいは各出荷組合の存続に対する危惧が緩和され、また、一般農家としても経営の存続条件が確保されたまま、一定の販売単価向上のための条件整備がなされたからである。以上の結果、小規模地縁組織のロットは大規模地縁組織のロットに近づき、管内の出荷組合は、機能別組織、完全共選地縁組織、持ちより共選地縁組織の三つに再編されたといえよう。

4　出荷組合の組織再編の方向

　このように大きく三つのグループに再編された出荷組合が今後再び共同計算の統合を目指したとしても、やはりこれまでと同様の理由によって組織コンフリクトが発生し、実現は困難であろう。むしろ、そうした組織コンフリクトを不可避なものとみなし、各グループが機能性を高めることが、今後の産地が目

指すべき方向ではなかろうか。その際、鍵を握るのは個人レベルでのグループ間の移動にあると考えられる。

これまで個人レベルでの移動が見られたのは、機能別組織から完全共選地縁組織への移動（図Ⅱ-5の①の動き）だけであった。そして、持ちより共選地縁組織から機能別組織や完全共選地縁組織への移動（図Ⅱ-5の③、⑥の動き）は不可能であった。例えば、S2組合からY部会への移動を希望した農家はY部会の拒否によって、O組合からS1組合への移動を希望した農家は農協の反対によって移動が不可能となった。移動を希望したそれら2名の農家は、いずれも小規模地縁組織に所属しており、また、彼らは役員も兼ねていた。そのため、彼らが抜けた後の出荷組合の衰退は著しいと考えられ、そのことが同じ地縁組織であるY部会、あるいは農協の反対につながったのである。しかし、現状では出荷組合は大きく三つのグループに再編され、これまでの移動を阻む論理を成立させてきた環境は大きく変わった。

今後、農協共販が発展するためには、このように今まで閉ざされがちだった個人の流動化（図Ⅱ-5の①から⑥すべての動きの活性化）、つまり、各グループの参加条件に対し、個々の生産者が自らの生産技術や労働力などの経営資源に応じて選択を行っていくことが重要だと考えられる。このような動きの活発化によって、各グループは同質性の高い生産者の集合体となり、機能性は必然的に高められることとなろう。

第4節　大型機械選別場の新設と部会の質的変化に関する事例分析

近年、農協は集荷施設や選果施設の統廃合を進めている。それは、経済事業の合理化策の一環としての性格が強い。ただし、既存施設の統廃合と同時に、大型の機械選別場を新設している農協も多数見られる。そのような施設の導入には、経済事業の赤字削減だけでなく、生産農家の省力化や販売単価の向上を通じた共販規模の維持・拡大というねらいもある[24]。

図Ⅱ-6に示すように、大型機械選別場の導入には、インセンティブシステ

図Ⅱ-6　大型機械選別場の導入と産地業績の連鎖体系
資料：伊丹・加護野［2］、p.253の図を修正して作成。

ム（出荷規格、集出荷経費など）や組織構造（集荷場廃止による地縁組織の解体）など経営システムの変化がともなう。この変化が、個人の目的や感情に作用し、共販と個販の選択に関する意思決定（業務行動）、栽培技術開発（学習）などを促す。業務行動は現在の、学習は将来の産地業績に帰結する。部会役員を中心とする部会運営者の役割は、両者のバランスを踏まえ、経営システムを通じて個人の要因へ働きかけることといえる[25]。

本節では、農業経営の異質化が進み、市場機会も多い都市近郊モモ産地（岡山市一宮地区）を事例として、45戸の部会員へ行ったアンケート調査[26]の結果をもとに、光センサー糖度測定機を備えた大型機械選別場導入後の経営行動と意識変化を分析し、部会の質的な変化について明らかにする。そして、部会の運営改革の方向性を考察する。

1　事例産地の概況と農家の販売行動

(1)　新施設導入の背景と集出荷システムの再編

岡山県の南部に位置する一宮地区は、モモと温室ブドウ生産が盛んな県内有数の果樹地帯であり、贈答用に人気の高い清水白桃発祥の地として知られている。地区内12の集荷場から出荷されるモモを統一荷口とした1974年以降、単価の伸びを背景に、県内第二の大型産地として発展した。しかし1990年代に入ると、①県内他産地の品質向上や、糖度規格導入などに起因する単価の低迷、②高齢化にともなう共販規模や出役維持の困難化、③集荷場間の品質格差に起因する市場における信用力の低下、部会員の不満の高まり、などの課題に直面した。そこで、1999年に12の集荷場を集約して、一宮中央選果場を導入することとなった。

新施設の導入にともない、集出荷システムは次のように再編された。第一に、

外観・形状と玉数にもとづき36通りだった規格数が、糖度規格の導入により45通りとなった。第二に、個別農家による選別・箱詰め、農家検査員による検査を通じて行われていた格づけが、機械およびパート作業員に切り換えられた。第三に、集出荷経費が1ケース約150円増額された。

(2) 販売行動の類型

新施設の導入にともなう共販集荷力の変化を明らかにするため、共販と個販の出荷量割合の変化を調査した。

その結果、共販の割合を拡大（個販の割合を縮小）させた農家が7戸、割合の変化が見られない農家が25戸、共販の割合を縮小（個販の割合を拡大）させた農家が13戸であった。農家全体では、共販への出荷量割合は83.2％から79.2％へと低下しており、新施設の導入は共販の相対的な集荷力を低下させたといえる。

以下では、共販の割合を拡大した農家（以下、共販拡大農家と略す）、販売割合を変化しなかった農家（以下、維持農家と略す）、個販の割合を拡大した農家（以下、個販拡大農家と略す）の三つのタイプを農家類型とする。各類型の経営

表Ⅱ-6 調査対象農家の類型別経営概況

		共販拡大農家		維持農家		個販拡大農家	
年齢	40歳代（戸）	0		1		3	
	50歳代（戸）	0		4		2	
	60歳代（戸）	4		9		3	
	70歳以上（戸）	3		11		5	
		導入前	導入後	導入前	導入後	導入前	導入後
経営規模 モモ	20a未満（戸）	3	2	7	6	4	4
	20～50a未満（戸）	1	2	13	17	6	6
	50a以上（戸）	3	3	5	2	3	3
	平均規模（a）	33.3	37.9	32.8	33.9	25.9	31.9
共販への出荷割合	70％未満（戸）	0	0	5	5	1	8
	70～90％未満（戸）	5	4	11	11	10	3
	90％以上（戸）	2	3	9	9	2	2
	平均割合（％）	83.6	90.5	83.8	83.8	81.8	64.3
平均家族労働力（人）		2.9	2.6	2.6	2.4	2.4	2.5
平均雇用労働力（人）		1.3	2.3	2.5	1.8	2.4	3.0

資料：筆者が部会員へ実施したアンケート調査にもとづき作成。
注）導入前とは、1996年～1998年頃を指し、導入後とは、1999年以降を指す。

概況は、表Ⅱ-6に示した。

　いずれの類型も高齢化が進んでいるが、共販拡大農家において、40歳代と50歳代の農家が見られないなどその傾向が著しい。平均経営規模について見ると、新施設導入前、共販拡大農家が33.3a、維持農家が32.8a、個販拡大農家が25.9aとなっており、共販拡大農家が最も大きかった。また、労働力数（家族労働力と雇用労働力）について見ると、新施設導入前、共販拡大農家は4.2人、維持農家は4.1人、個販拡大農家は4.8人となっており、個販拡大農家の労働力が最も豊富だった。

　図Ⅱ-7には、四段階評価による共販システムへの満足度の変化を、類型別に平均値を算出して示した[27]。この図から、個販拡大農家において、単価（A）と集出荷経費（E）、および、格づけ体制（C）への満足低下が著しいことが確認される。比較的豊富な労働力を有していた個販拡大農家は、共販環境の悪化を認識して規模拡大と個販拡大を行い、共販環境に対する認識が変わらなかった共販拡大農家は、労働力が脆弱化する中で規模拡大と共販拡大を行い、それ

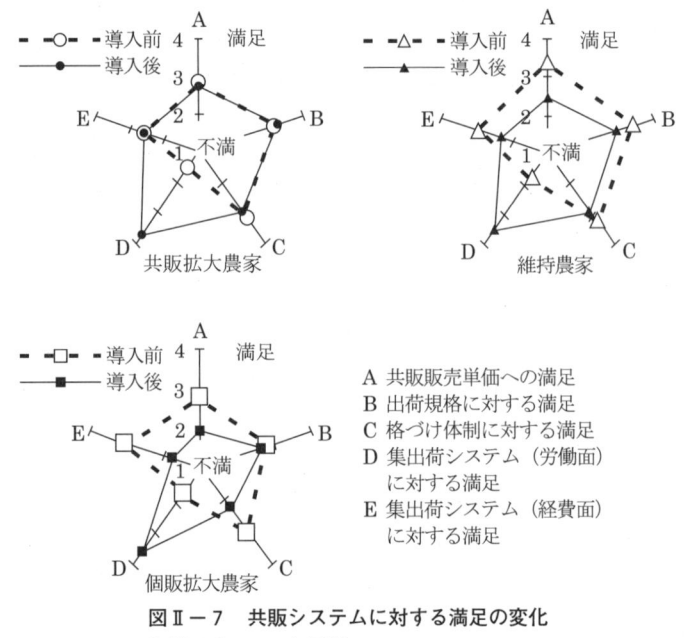

A 共販販売単価への満足
B 出荷規格に対する満足
C 格づけ体制に対する満足
D 集出荷システム（労働面）に対する満足
E 集出荷システム（経費面）に対する満足

図Ⅱ-7　共販システムに対する満足の変化
資料：表Ⅱ-6と同様。

ぞれ所得の維持・拡大を図ったと推察される。また、格づけ体制への満足の相違、すなわち感情的な認識の差も、販売行動に影響していると考えられる。なお、維持農家は、個販拡大農家と同様の意識をもちつつも不満が弱く、出荷量割合を変化させなかった農家と位置づけられる。

このような各類型の特徴を踏まえて、次の2項では、生産における意識変化や運営に対する認識の変化など、新施設の導入が部会員に対して与えた心理的な影響について見ていく。

2 部会員に対する心理的影響と部会の質的変化
(1) 生産における意識変化

図Ⅱ-8には、モモ生産に関する五項目についての意識変化を類型別に示した。三類型の折れ線は近似しており、新施設導入前後での差異も小さい。その中、モモづくりへの意欲（F）と栽培技術向上努力（G）において微増する傾向が窺える。また、外観・形状（I）、大きさ（J）に比して、食味（H）への意識向上が各類型に共通して見られる。

これは糖度規格導入の影響と考えられ、その結果として、モモづくりへの意欲や栽培技術向上努力が促進されていると推測される。

(2) 運営に対する認識と参画の変化

図Ⅱ-9には、運営に対する認識と部会員の参画に関わる五項目について、その変化を類型別に示した。折れ線の形は類型間で近似しており、大きな差異はない。その中、出荷先市場（K）、集荷決定者（L）、分荷決定者（M）の認識度の低下が注目される。これは、販売に関わる情報や運営主体の姿が、部会員に伝わりにくくなったことを示唆している。しかし、販売反省会、栽培講習会など部会主催会合への出席状況（N）はほぼ一定である。この要因は、集荷場への出役廃止に求められる。

従来、部会員は箱詰めした後に集荷場へ持ちこみ、農家検査員による検査・格づけに立ち会い、梱包や出荷作業を協力して行っていた。また、集荷場別に選出されていた部会役員が、分荷に関する決定を行う過程を直接見ていた。集荷場は部会員の共同作業の場であり、運営主体との情報交流の場であったとい

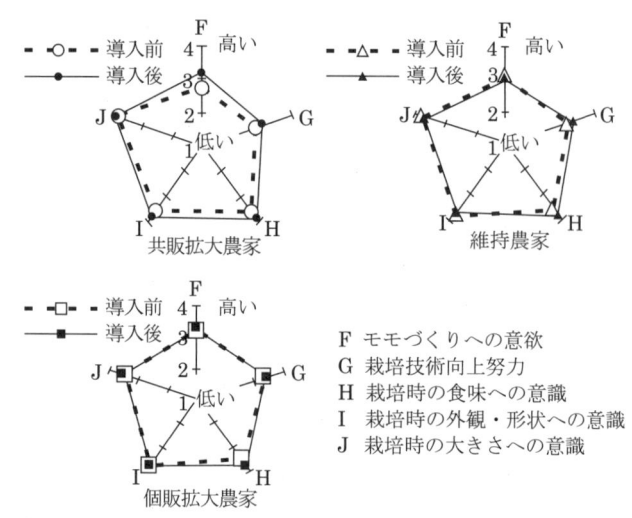

図Ⅱ-8　モモ生産における意識変化
資料：前図と同様。

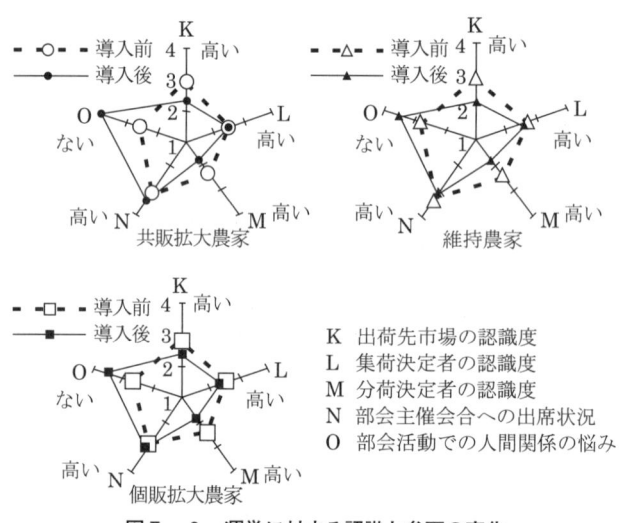

F　モモづくりへの意欲
G　栽培技術向上努力
H　栽培時の食味への意識
I　栽培時の外観・形状への意識
J　栽培時の大きさへの意識

図Ⅱ-9　運営に対する認識と参画の変化
資料：前図と同様。

K　出荷先市場の認識度
L　集荷決定者の認識度
M　分荷決定者の認識度
N　部会主催会合への出席状況
O　部会活動での人間関係の悩み

える。現在のシステムでは、新施設に収穫したモモを持ち込むだけで共同作業はなく、部会主催の会合も形式的な側面が強い。

他方、出荷期間中の連日にわたる共同作業や、集荷場間で異なる検査員が格付したモモを統一荷口とする旧システムは、さまざまな人間関係の問題を生じさせていたと考えられる。部会活動での人間関係の悩み（O）が大幅な解消傾向を示したのは、この証左といえよう。

(3) 新施設導入の総括的意味

ここまでの分析と、図Ⅱ-10に示したアンケート対象農家45戸の部会と共販に対する総括的な意識の変化を踏まえれば、新施設が部会に与えた影響として次の三点を指摘できる。

第一に、技術集積を促進したことである。図における栽培技術力の自己評価（T）の値の向上が、これを肯定している。また、実際に導入後3年間のロイヤル率（出荷商品における最上位の糖度規格率）は、48.6％、49.9％、57.0％と安定的に上昇している。

第二に、共販の経済的重要性の低下である。経営における共販の重要性（R）の微減と、経営における個販の重要性（S）の微増が、この事実を示唆している。ただし、Sの値と比べてRの値は大きく、共販が農業経営の存続・発展において重要であることに変わりはない。

そして第三に、部会への親しみ（Q）の低下が示すように、感情的な側面からも共販離れが進んだことである。これは、共同作業の場の喪失、情報からの

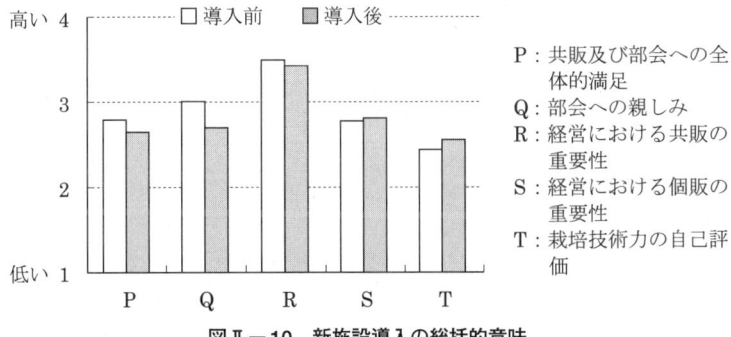

図Ⅱ-10　新施設導入の総括的意味
資料：前図と同様。

P：共販及び部会への全体的満足
Q：部会への親しみ
R：経営における共販の重要性
S：経営における個販の重要性
T：栽培技術力の自己評価

疎外などに起因している。新施設の導入にともなって、部会の組織力は弱まり、部会員の顧客化が進展したといえよう。

3 部会運営の改革方向

表Ⅱ-7によれば、今後の経営規模について「維持」または「縮小」を考えている農家が多い。今後の共販への出荷量についても、「維持」を考えている農家が多い。個販拡大農家が、今後の共販への出荷量を「維持」と回答していることは、直販ルートの開拓や顧客の管理が限界に近づいていることを示唆している。今後、個販が大きく拡大する可能性は低いといえる。ただし、共販拡大農家の高齢化が他の類型に比べてより進んでいるため、共販の相対的な集荷力は低下すると考えられる。

さらに今後の共販は、集荷商品の品質低下にも直面すると考えられる。アンケート調査において、現在と今後の最高品質のモモの出荷先について、「主に共販」、「どちらかといえば共販」、「どちらかといえば個販」、「主に個販」の四つの選択肢で質問し、それぞれ4点、3点、2点、1点を与えて平均値を算出した

表Ⅱ-7 今後の経営行動と共販改革への意識

		共販拡大農家	維持農家	個販拡大農家
5年後の経営規模	拡大（戸） 現状維持（戸） 縮小（戸）	0 1 6	2 13 10	3 5 5
今後の共販出荷量	増やす（戸） 維持（戸） 減らす（戸）	0 7 0	2 21 2	0 11 2
共販改革への意識	糖度規格水準の引き上げ（平均値）	2.0	2.1	2.2
	販売単価あたり利用料金の廃止（平均値）	2.1	2.0	1.8
	規格外出荷への罰則強化（平均値）	2.3	2.2	2.1

資料：表Ⅱ-6と同様。
注）共販改革への意識は、「賛成」、「どちらかといえば賛成」、「どちらかといえば反対」、「反対」で問い、それぞれ4点、3点、2点、1点を与えた。

ところ、共販拡大農家では現在が3.1点で今後は3.4点、維持農家では現在が3.6点で今後は3.2点、個販拡大農家では現在が2.9点で今後は2.5点という結果となった。今後、維持農家や個販拡大農家は、高品質のモモは個販、低品質のモモは共販という販売行動を強めるものと考えられる。

　このような農家の販売行動は、共販のインセンティブシステムに問題があることを示唆している。第一に、不十分な製品差別化である。ロイヤル率が50％を超えており、糖度規格が高付加価値化に寄与していない。その結果、岡山産に対する相対価格が新施設導入前（1996年〜1998年平均）の137から導入後（1999〜2001年平均）は133へと低下するなど、販売単価への効果がでていない。第二に、販売単価あたり5％の利用料金で、単価の高いモモほど多くの経費を支払うシステムになっていることである。

　共販が高品質のモモを集荷するには、これら現状のシステムを変えていかなければならない。しかしながら、表に示されているように、糖度規格水準の引き上げや販売単価あたり利用料金の廃止に対して、いずれの類型農家も否定的な考えを示している。さらに表からは、新施設の導入にともなって増加している規格外品の出荷に対する罰則強化に対しても、否定的な考えをもっていることが確認される。これらのことから、部会内の強い平等的な思考と、下位等階級品の出荷先としての共販の重要性が窺える。

　このような意識の下で共販が継続されるならば、そのブランドは必然的に低下することとなろう。ただし、多くの農家は共販に対する危機感をもっていないわけではない。その理由は、第一に、個販拡大農家においても出荷量の約60％を共販が占めていること、第二に、個販の出荷先は一宮ブランドを重視しており、そのブランドは共販によって形成されていることである。また、農家は個販の単価を共販の単価に準じて決めており、共販のブランド低下は、個販の衰退にも直結する。個販の盛衰は、共販に依存しているといえる。

　以上を踏まえれば、産地の発展のために部会には、公平性にもとづいて糖度規格や出荷経費を見直し、集荷商品の充実を目指すことが望まれる。ただし、部会員が顧客化している現状での実行は、共販離れを加速して組織化利益を低下させ、部会の衰退をもたらすと考えられる。公平性を追求する前に、部会員

と部会員をつなぐ、新たな結合関係の構築が必要である。

　もともと当該事例は、集荷場単位の地縁結合を軸とした組織であり、集荷場が廃止された現在、それに代わる結合軸を構築できていない。部会員同士、あるいは、部会員と運営主体の間における、協同意識の醸成が必要である。その一つの手段として、運営主体である部会役員の選出方法の見直しが考えられる。旧集荷場別に行われている役員の選出を、販売部門や労働力、営農類型などを反映する形での選出方法に見直すべきであろう。その結果、利害の対立が顕在化することも考えられるが、十分な話し合いをする中で協同意識が高揚し、運営主体が改革を進める上での納得性を担保すると考えられる。

　運営改革の課題は、運営主体に対する納得性の構築と、その下での公平性の追求と要約することができよう。

【注】
1) この点については、大西・橋本 [5]、pp.15～19 を参照。
2) 佐伯 [10]、p.78 より引用。
3) 久保 [7]、pp.287～288 より引用。
4) 宮川 [13]、pp.81～83 を参照。
5) 注4と同様。
6) 注4と同様。
7) 野村 [11]、p.601 を参照。
8) ここでの説明は、佐伯 [10]、pp.75～78 を参照。
9) もちろん、当時の総合農協も規模が小さく資本力に乏しかった。そのため広域合併が不可欠であった。1961年の農協合併助成法制定の背景には、構造改善事業の受け皿主体の強化という側面も多分にあった。これらの点については、甲斐野 [6]、pp.14～16 を参照。
10) ここでの数値は、慶野 [9]、p.34 を参照した。それら数値は、総合農協に加え、専門農協と任意組合を合算したものとなっているが、三つの出荷団体の中で総合農協の組織数が大きいため、総合農協の集出荷データが部会の集出荷データをかなり反映しているという本文での解釈は、妥当性が高いと考えられる。
11) 1968年～1977年までのデータは、慶野 [9]、p.28 のデータを、1980年～2001年までのデータは、板橋 [1]、p.35 のデータを参照した。

12) ただし、専門農協における野菜の出荷量と出荷量割合は、1996年から2001年にかけて大きな伸びを示しており、近年、集出荷機構における相対的地位を高めている。これは後述するように、産直グループが専門農協として再編されているためと考えられる。
13) この点については、農林水産省「平成8年青果物集出荷機構調査報告」、p.4の記述を参照。
14) 山本［15］、p.27を参照。
15) 以下、2000年代初頭の農協改革については、増田［12］を参照。
16) 図の専門農協のデータには、野菜や果実の集出荷を行う農事組合法人のデータも含まれており、本文に示した再編例として、千葉県の農事組合法人和郷園があげられる。同法人の前身は任意の産直組織で、90年代初頭に活動を開始している。そして、95年の法人化以降（当初は有限会社）急速に販売が拡大し、現在その売り上げは20億円を越えている。なお、和郷園の発展経過については栗原［8］に詳しい。
17) この点については、山本［15］、pp.29～32を参照。
18) 注17と同様。
19) JAきびじは、2003年にくらしき東農協、倉敷西農協、岡山県西部農協と広域合併し、現在、岡山西農協となっている。本節での分析は、合併以前の2001年から2002年にかけて行った調査にもとづいている。
20) 占部・坂下［4］、p.134を参照。なお、マーチ＝サイモンの組織論については、占部・坂下［4］に詳しく、本節でマーチ＝サイモンの組織論を適用する際には、同書に全面的に依拠している。
21) 占部・坂下［4］、pp.135～138を参照。なお、マーチ＝サイモンの組織コンフリクト論には、「組織的コンフリクト」以外に「個人的コンフリクト」と「組織間コンフリクト」がある。前者は、個人が個人的決定を行う際に経験するコンフリクトで、後者は独立した複数の組織の間に生じるコンフリクトを指す。これに対し、「組織的コンフリクト」は単一の上位組織に所属する部分組織が経験するコンフリクトで、産地という組織内で発生したコンフリクトに適用するには、同コンフリクトがふさわしいと考えられる。
22) このほかに、「目標の相違」ではなく「現実の知覚における相違」がある場合、あるいは両者がともに存在する場合にも「組織的コンフリクト」は発生する。詳しくは占部・坂下［4］、pp.155～168を参照。
23) 占部・坂下［4］、pp.155～168を参照。
24) この点については、補章を参照。
25) インセンティブシステムと組織構造、および、本段落での記述については、伊丹・加護野［2］、pp.238～260を参考にしている。
26) 一宮地区の部会員は約300戸で、その15％の農家にアンケートを行った。サンプル農家の抽出は、旧集荷場ごとに設置されている支部の支部長を通じ、地区、規模、年齢が

分散するよう留意した。

27) 導入前後での満足について、「満足している（していた）」、「どちらかといえば満足している（していた）」、「どちらかといえば不満である（だった）」、「不満である（だった）」で問い、それぞれ4、3、2、1点を与えることにより平均値を算出した。なお、図Ⅱ－8、図Ⅱ－9、図Ⅱ－10についても同様である。

【参考文献】

[1] 板橋衛「農協の販売事業展開と直販事業の意義」『農業と経済』、vol.70　No.9、2004
[2] 伊丹敬之・加護野忠男『ゼミナール経営学入門』、日本経済新聞社、2003
[3] 薄井寛「農業協同組合の組合員組織」川野重任（編集委員長）『新版協同組合事典』、家の光協会、1986
[4] 占部郁美・坂下昭宣『近代組織論〔Ⅱ〕』、白桃書房、1975
[5] 大西敏夫・橋本卓爾「園芸産地の動向と和歌山県農業の特性」大西敏夫・辻和良・橋本卓爾編著『園芸産地の展開と再編』、農林統計協会、2001
[6] 甲斐野新一郎「JAグループの組織再編の経過と今後の取り組み」『農業と経済』、vol.70　No.9、2004
[7] 久保利文「産地マーケティング戦略における農協部会組織の役割」藤谷築次編『日本農業の現代的課題』、家の光協会、1998
[8] 栗原大二「露地野菜作における内発的ネットワーク事例」納口るり子・佐藤和憲編『農業経営の新展開とネットワーク』、農林統計協会、2005
[9] 慶野征奝『青果物集出荷機構の組織と役割』、大明堂、1993
[10] 佐伯尚美『新しい農協論』、家の光協会、1972
[11] 野村雄造「営農指導事業の現状」川野重任（編集委員長）『新版協同組合事典』、家の光協会、1986
[12] 増田佳昭「『食』と『農』の再生プランと農協改革」『協同組合研究』、第23巻第1号、2003
[13] 宮川清一「業種別生産者組織と総合農協」『農業協同組合』、1957（11月号）
[14] 宮川清一「昭和戦後の農家小組合」川野重任（編集委員長）『協同組合事典』、家の光協会、1966
[15] 山本博史「農協広域合併の経過と改善の基本方途—"合併するほど経営悪化"からの脱出路—」三国英実編著『地域づくりと農協改革』、農文協、2000

第Ⅲ章
農協生産部会の統治機構と部会員のロイヤルティ

第1節　はじめに

　本章の課題は、部会員と部会役員、あるいは、部会員と部会を結びつける人間関係的信頼の形成を可能とする、部会の統治のあり方を解明することにある。その際、本章では人間関係的信頼を、ハーシュマン理論におけるロイヤルティとして捉えることとする。

　近年の部会においては、統合を通じた大型化が進んでいる。その一方で、部会員の離脱や個販の拡大も進んでいる。この背景には、農協の広域合併や経済事業改革などにともなう拙速な部会の統合が進められる一方で、販売単価の向上や生産資材価格の引き下げなど、改革効果が遅々として見えてこない農協事業に対する部会員の強い不満がある。

　ところで、農協における組合員は、所有者であり、利用者であり、運営者である、という三位一体的性格をもっている。同様に部会員も、部会に対して特に運営者としての性格をもち、さらに部会は、農協事業の運営者組織としての性格をもっている。これらの組織特性を踏まえるならば、販売単価の低迷をはじめとする農協事業の不振は、部会や部会員の責任も大きいといえる。

　つまり、部会員の離脱や個販の拡大などの問題を検討する上では、改革効果が見えてこない農協事業の具体的な中身の吟味より、部会運営に対する部会員の無関心な姿勢や態度、あるいは、運営に対する影響力の欠如の問題など、部会の統治のあり方に関わる問題こそ検討されるべき課題といえよう。

　また、統治機構の見直しは、部会が機能型組織としての性格を強化するため

にも不可欠である。第Ⅰ章で指摘したように、部会員の異質化が進んでいる中で生産物の差別化や事業方式の変革などを組織として意思決定するには、強固な統治体としての性格が不可欠と考えられるからである。

このような課題にもとづいて、本章では以下の検討を進める。

第一に、部会における統治のあり方について、ハーシュマン理論を踏まえて考察する。特に、部会員の退出メカニズムの検討を通じて、部会運営に対する影響力の行使が求められる状況を明らかにし、そこでの影響力の行使が活発化するには、ロイヤルティが不可欠なことを明らかにする。

第二に、このような考察にもとづいて事例分析を進める。その際、部会の統治機構は組織規模によって大きく異なることを踏まえて、本章では、小規模部会の事例として、秦野市農業協同組合（以下、JAはだのと略す）管内のいちご部[1]、大規模部会の事例として、福岡八女農業協同組合（以下、JAふくおか八女と略す）管内のなし部会をとりあげ、それら事例における統治機構の実態とロイヤルティの形成条件について考察する。

第2節　部会における退出・告発・ロイヤルティ

1　ハーシュマン理論と部会

ハーシュマンによれば[2]、組織とは「取り返しのつく踏み外し」をするものである。それは、顧客にとっての製品の質、構成員にとっての帰属利益の低下などを意味する。その「踏み外し」が一定レベルを超えたとき、組織は淘汰されることとなる。ただし、組織には退出と告発という、自律的な二つの回復メカニズムも備わっている。

退出とは、顧客による商品購入先の変更や組織構成員による組織からの脱退を意味する。告発とは、顧客による商品へのクレームや組織構成員による組織への不満の表明を意味する。組織の意思決定の担い手は、顧客や組織構成員による退出と告発から組織が「取り返しのつく踏み外し」をしていることを認識し、改善策を模索することとなる。このようにハーシュマン理論の特徴は、組織の存続メ

カニズムを退出と告発を通じた組織の自律的な制御に求めた点にある。

　部会においても、「取り返しのつく踏み外し」は絶えず発生するといえよう。その際、部会員の退出と告発を通じた部会の自律的な制御が求められる。部会員の農協の下請け機関化[3]や部会役員のリーダーシップの重要性[4]が指摘されているが、農協や部会役員によるトップダウン的な運営では、部会の自律的な制御は機能しえないだろう。

　ただし退出は、部会において避けられるべき回復メカニズムである。農協事業の利用を前提とする部会には組織化の範囲に制限があり、新規の部会員を獲得するのが難しいからである。また、部会から離脱して、独自の販売ルートを確立した企業的な農業経営や自給的農業へ転換した高齢農家などが、容易に部会に復帰するとは考えにくい。部会における退出は、組織規模の絶対的な縮小をもたらすと考えられる。

　もちろん、部会という組織は農業経営にとって経営発展のための手段であり、退出を全面的に否定することはできない。しかし、「取り返しのつく踏み外し」が絶えず発生し、その際、回復メカニズムとして退出のみが行われると仮定すると、部会においては組織の成立と解体が繰り返されることとなる。そのような事態が、農業経営にとって合理性を欠くことは明らかである。

　以上を踏まえると、部会と農業経営の双方にとって好ましいのは、「取り返しのつく踏み外し」が発生した際に、まず告発が活発化し、その後退出が始まるという順序で、二つの回復メカニズムが作動することといえよう。

2　部会と統治

　このように、部会においては部会員による自律的な制御が求められている。ところで、第Ⅰ章表Ⅰ-5の統治体の概要において示したように、組織の統治は内部でも外部からも発生する。前項の論述にもとづけば、内部で発生する統治には、組織構成員の脱退や不満の表明が該当し、外部から発生する統治には、顧客による商品購入先の変更やクレームが該当するといえよう。本章では、前者に焦点を絞って検討を進める。それは、部会員の運営に対する影響力の欠如など、脆弱な内部統治の見直しが今日の部会に求められているからであり、ま

た、部会員こそが、最も適切な部会の統治者と考えられるからである。以下では、統治という概念について整理する。

経営学においては、統治はコーポレートガバナンス（企業統治）の問題として扱われている。我が国の代表的な経営学者、伊丹敬之[3]は、企業統治を「企業が望ましいパフォーマンスを発揮し続けるための、企業の『市民権者』による経営に対する影響力の行使」と定義している[5]。そして、企業の市民権の内容は、①基本政策の最終決定権、②経済成果の優先分配権、③経営者の選任・罷免権にあるとしている[6]。つまり、これら三つの権利の保有者が、企業の統治者であるとしている。では、部会において、これらの権利をもっているのは誰であろうか。

既存の農協論研究において、部会の統治を扱ったものは皆無と思われる。ただし、農協の統治問題の中では、部会のあり方についての論述が見られる。例えば増田[7]は、「利用者主導型経営としての協同組合のガバナンスを、実質的なものにするためには、総代会や理事会からなる、制度化されたガバナンス・システムのみでは不十分であって、事業運営組織などによる分権的システム、事業運営組織や職員組織を通じた、ボトムアップ型システムが不可欠」としている[7]。この事業運営組織の一つとして、部会がとりあげられている。正組合員や職員とともに、組織としての部会も農協の市民権者といえよう。

しかし、部会の市民権者は明らかにされていない。企業における市民権者の条件は、第一に、その企業が生まれるのに不可欠な資源を提供していること、第二に、その企業の盛衰によってもっとも大きなリスクを被りコミットしていることとされる[8]。この観点から部会の市民権者を特定するならば、部会員と農協が該当するといえる。

部会員については、その人的貢献や実際の出荷がなければ部会はそもそも成立せず、また、部会を通じた販売が低迷すればその不利益を一義的に被るのは部会員であるため、市民権者であることは当然といえる。農協についても、専門職員の配置や施設の提供など部会の諸活動に不可欠な資源を供給していること、また、取引先の倒産にともなう損失、部会解散後の選果場の償却費などは農協が負担すると考えられることから、市民権者としての条件を備えていると

いえる。

　ただし、農協を部会の市民権者とすることには問題がある。農協は、広く地域住民を含んだ正組合員を中心として統治されており、農協を部会の市民権者とすると広く地域住民も部会の市民権者となり、責任の所在がきわめて曖昧な、脆弱な部会の統治を招くと考えられるからである。また、第Ⅵ章で指摘するが、今後農協は部会の一つの取引先として位置づけられるべきと考えられる。市民権者としてではなくビジネスパートナーとして、農協と部会は関係性を構築すべきといえよう。

　以上を踏まえると、部会は部会員を市民権者として統治されなければならない。市民権の中身としては、先に述べた三つの権利のうち、①基本政策の最終決定権と③経営者の選任・罷免権が重要と考えられる[9]。①が尊重されるには、部会の意思決定の場における部会員の直接的な参画の仕組みが整備されなければならない。また、部会役員の適切な選出体系が構築され、その下で③が尊重されれば、部会運営における間接的な参画の仕組みが整備されることとなる。つまり、部会の統治は、部会員による直接的な影響力の行使と、間接的な影響力の行使によって成立するといえよう。

3　部会の存続メカニズム

　以上の点を踏まえて、ここでは部会の存続メカニズムを明らかにし、そのメカニズムと統治の関係を考察する。前述したように、組織の存続には構成員による退出と告発が不可欠であり、部会においては退出より先に告発が活発化されなければならない。以下ではまず、退出がどのような状況において発生するのか見ていく。

　図Ⅲ-1に、ハーシュマンモデルを用いて、部会員の退出メカニズムを模式的に示した。以下では、この図にもとづいて考察を進める。なお、図においては考察の簡略化のため、少数の自立的な農業経営者（ファーマー層）と、多数のその他農家（ペザント層）の二層から成る部会を想定している。ファーマー層はマーケティング志向が高く強い組織統制を、ペザント層はマーケティング志向が低く緩やかな組織統制を、それぞれ部会に求めるものとする[10]。

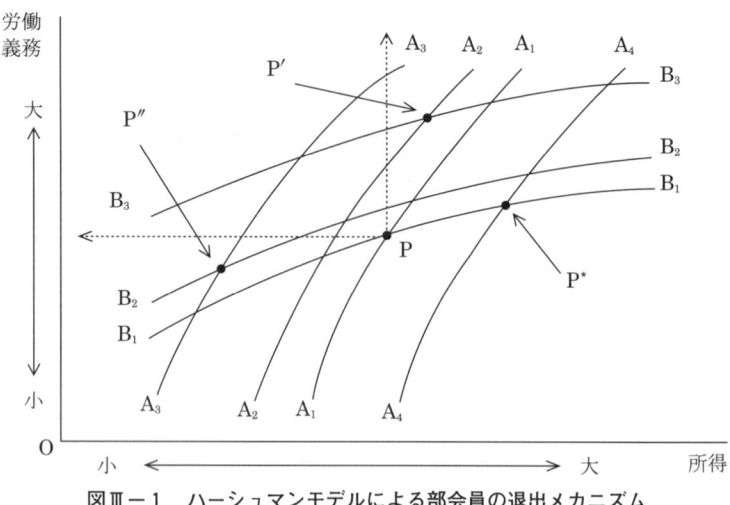

図Ⅲ-1　ハーシュマンモデルによる部会員の退出メカニズム
資料：ハーシュマン［5］、p.161の図を修正して作成。

　横軸は、生産物1単位あたりから得られる所得を意味し、原点から離れるほど得られる所得は大きいと仮定している。縦軸は、生産物1単位あたりに負担せねばならない労働義務（生産や販売に関わる労働投入、遵守すべき生産工程や出荷に関する細則など）を表し、原点から離れるほど義務が大きいと仮定している。

　曲線A群（$A_1 \sim A_4$）はファーマー層、曲線B群（$B_1 \sim B_3$）はペザント層の無差別曲線を示しており、右下方向ほど効用は高い。無差別曲線の形状が両層で異なるのは、所得向上のために追加的に負担せねばならない労働義務に対し、ファーマー層においてより嗜好性が高いと考えられるからである。また、図のPが部会を意味し、P′（Pより所得も労働義務も大きい）とP″（Pより所得も労働義務も小さい）を合わせて、部会員の選択可能な出荷機会（所得機会）はこれら三つのケースのみ存在すると仮定する[11]。

　いま、部会に何らかの「取り返しのつく踏み外し」が発生し、部会を通じた出荷から得られる所得が低下（Pが左へ移動）を始めたとする。このとき、PがA_2との交点を超えるとファーマー層のP′への退出が発生し、残されたペザント層を主体とする緩やかな組織統制の部会へと再編が始まる。他方、部会を通じ

て出荷するにあたり、先と同様に何らかの「取り返しのつく踏み外し」が発生し、負担せねばならない労働義務が増加（Pが上へ移動）を始めたとする。このとき、PがB_2との交点を超えるとペザント層のP″への退出が発生し、残されたファーマー層を主体とする小ロットの組織統制の強い部会へと再編が始まる。

いずれの再編も、部会の弱体化を招く可能性が高い。特に、前者のペザント層中心となった部会は所得の低下に対して鈍重と考えられ、より一層の所得の低下を甘受すると考えられる。そして、Pの左方向への移動がB_2との交点を超えるとペザント層もP″へと退出し、部会は解体することとなる。

ハーシュマンモデルでは、このような事態を回避するための仕組みが組織には組み込まれているとされる。それが、構成員による告発である。特に、図で想定している部会でいえば、Pが左へ移動してA_2との交点を超えた際には、ファーマー層がすぐには退出せずに組織にとどまって告発を行い、Pが上へ移動してB_2との交点を超えた際には、ペザント層がすぐには退出せずに組織にとどまって告発を行うとされる。それぞれのケースにおける、告発の担い手に着目する必要がある。

例えば、前者のケースでは、P′への退出が合理的な状況にあるファーマー層が告発の担い手となっている。確かに、部会への出荷を通じて得られる所得が低下している際に、所得に対して鈍重なペザント層が告発を行っても、有効な組織の改善は期待できない。また、このような状況において、そもそもペザント層は告発を行わないと考えられる。一方、ファーマー層の告発からは有効な組織の改善が期待されるが、退出を通じて得られる利益を逃すこととなり、合理的な行動とはいえない。つまり、ハーシュマンモデルでは、短期的な機会損失を甘受しながらも、中長期的な組織の改善を期待して告発を行う組織構成員が想定されている。

ハーシュマンによれば、そのような構成員の行動を促すのがロイヤルティである。「構成員が、退出の確実性を衰落した組織の改善の不確実性と進んで交換取引してもよいと考える度合い」と定義されるロイヤルティは、「組織に不満をいだいたとき、事態を改善するため誰かが行為をおこすか何かが生起するという期待」によって、その存在が助長される。そして、退出の延期と告発の活発

化を具体的な機能とする。

　以上から、部会の存続メカニズムとは、「取り返しのつく踏み外し」が発生した際に、ロイヤルティにもとづいて退出が抑制されつつ告発が活発化され、組織の改善策が模索されることと要約できる。そして、部会における告発には、二つの方法があると考えられる。前項で明らかにした、意思決定の場への参画を通じた直接的な影響力の行使と、部会役員を通じた間接的な影響力の行使である。それらを通じて、実際に部会運営に影響力を行使することが可能となるならば、「事態を改善するため誰かが行為をおこすか何かが生起するという期待」が、部会員に強く育まれることとなろう。つまり、ロイヤルティの形成が促進される。そして、ロイヤルティにもとづいて活発な告発が展開されることにより、例えば、図のP*で示したペザント層の効用水準を維持しつつファーマー層の効用水準の向上をもたらすような改善の生起が、部会において期待されることとなる。

第3節　小規模部会の統治機構とロイヤルティ

1　JAはだのいちご部の概要

　JAはだのは、神奈川県の西部に位置する秦野市を管轄地域としている。総会方式による直接民主主義の実践、年2回の集落座談会、月1回の組合員訪問の実施、女性部や部会からの理事の登用など、農協運営における組合員意思の徹底した反映、いわゆる民主的運営を追求している。また、組合員を対象とした教育活動も活発に展開している。

　2004年度の正組合員数は2,591人、准組合員数は4,086人となっている。主な販売作目は、穀類が約5千万円、野菜が約2億8千万円、果実が約4千万円、花きが約4億7千万円となっている。管内では園芸農業が盛んであり、その中心的な作目がいちごである。

　現在、秦野市のいちご栽培農家は28戸存在し、23戸がいちご部に所属している。部員の中心は、60歳代後半の農家であるが、40歳代の農家が2戸、50歳代

の農家も3戸所属している。表Ⅲ-1によれば、近年の出荷数量は約30万パック、販売金額は約1億円、平均単価は約310円で安定している。ただ、部員の大半は庭先販売や消費者の個別注文に応じた販売を行っており、部会以外にも販売ルートをもっている。農協では共販率を約70%と推測している。

表Ⅲ-1　いちご部の販売概況

(単位：パック数、円、円／パック)

	数量	金額	平均単価
2001	311,814	95,525,351	306
2002	313,520	97,764,562	312
2003	310,196	96,046,970	310
平均	311,843	96,445,628	309

資料：2003年「やさい部会いちご部出荷反省会次第」より作成。

　当該部会は、農家戸数、販売金額とも小さい。ただ、共販を通じた部員1戸あたりの販売金額は約420万円となっており、管内の部会では最も大きい。また、県内でいちご共販を行っている部会はほとんどない。このような地域農業と県内他産地の動向の中で、いちご部では1968年の部会の創設以来共販が続けられ、1977年には県朝日農業賞を受賞するなど活発な組織活動を展開してきた。これらのことは、当部会が部員の意思を十分に反映した運営の下で、有利な所得機会として存在してきたことを意味していよう。そこで次の2項では、まず当該部会の統治機構を見ていく。

2　部会の統治機構

　図Ⅲ-2に、いちご部の組織機構を示した。部会の最高意思決定機関は、年1回開催される総会である。総会には全部員が参加しており、決算と予算、事業計画、役員の選任などが承認される。役員は9名で、管内七つの地区を選出単位として輪番で選出されている。また、任期は3年となっている。

　9名の役員は役員会を構成し、互選で部長1名、副部長2名を選出する。この役員会によって、部会の意思決定は全面的に行われている。また、役員会は、選果場での格づけチェックを行う検査員4名、選果場機械の保守管理を行う機械員4名を選出する。役員9名にこれら8名を加えれば、部員の大半は何らかの役職に就くこととなる。運営に対する責任を、広く部員にもたせる体制といえよう。

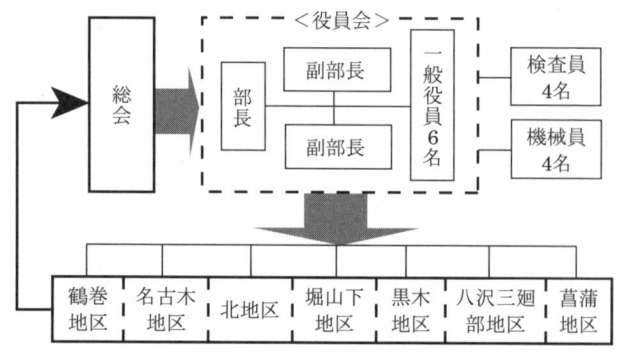

図Ⅲ－2　いちご部の組織機構
資料：いちご部部長へのヒアリングにもとづき作成。

　以上の点を部員による統治という観点から見れば、直接的な影響力の行使は最高意思決定機関である総会を通じて行われ、間接的な影響力の行使は役員の選出を通じて行われていることとなる。

　しかし、いちご部の現部長や事務局を担当している営農指導員へのヒアリングによると、総会において部員による発言は活発ではない。一方、役員の選出体系についても地区別の輪番によって選出されており、特別な工夫は見られない。ただし、当該部会において、部員数が少ない一方で広く部員が役職に就いている点が着目される。つまり、比較的短期間に部員は全役職を一巡することとなる。部会の運営に対する責任が、均等に求められる体制といえよう。そのため、多くの部会では役員に対して報酬が支払われているが、当該部会ではすべての役職が無報酬で行われている。

　以上を踏まえると、当該部会においては、役員の選出を通じた間接統治は形式的な意味しかもっておらず、全部員による共同統治が実質的な統治形態といえよう。この共同統治の強化を促しているのが、さまざまな部会の組織活動である。そこでは、部員が主体的に関わる仕組みが構築されており、共同統治者としての意識を高めていると考えられる。以下、生産技術に関する取り組みと共販の実施体制をとりあげ、その実態を見ていく。

3 部会の組織活動

(1) 生産技術に関する取り組み

当該部会の生産技術に関する取り組みとしては、講習会・視察などを通じた生産技術指導と、生産資材の共同購入があげられる。

前者については、年2回の栽培講習会、年1回の先進地視察を通じ、技術の高位平準化に努めている。栽培講習会では、普及センターから講師を招いている。日常的に発生する問題についても、営農指導員が解決できない時は普及センターに依頼している。技術指導に関わる企画や運営は営農指導員によって行われており、部員は利用者としての性格が強い。

一方、後者の共同購入については、部会が主体的に関わっている。農協によれば、当該部会の共同購入は生産資材の広い範囲に及び、ほぼ100％農協を通じて購入されている。購入商品は役員会によって決定されており、そこで十分な検討がなされるのはもちろん、役員を通じて部員に資材の使用に関する周知徹底が図られている。このような役員の機能によって、生産技術の統一が進められている。

(2) 共販の実施体制

当該部会の共販では、役員会において、取引先市場、出荷時期などの基本方針が決定される。その決定には、営農指導員も資料や情報の提供者として関わっている。しかし、出荷期間中の選果場の操業管理、分荷に関わる実務などは部員のみで行われており、農協職員は関わっていない。

当該部会には、7地区の部員が分散して構成される四つの班が設置されている。四つの班は、出荷期間中ローテーションで出役することとなっている。各班の構成員は、班長、機械係、梱包係など役職が決められており、選果場の操業管理責任を分担して受けもつ体制となっている。特に、班長は分荷の決定権をもち、その実務も遂行している。もちろん、部の基本的な出荷方針は決まっており、班長の裁量が働く余地は小さい。しかし、農協事業の運営主体としての意識を育む上で、販売の最前線に立つ意味は決して小さくないだろう。

また、前述した4名の検査員も、ローテーションで1名が出役することとなっている。検査員は班に所属しておらず、また、特定の班と出役のローテーシ

ョンが重ならないように調整されている。選果場での作業は部員の所得に直結する重要な作業であり、部員にとって公平でなければならない。班と検査員が、それぞれ独立した主体として緊張感をもって選果場の操業管理に従事するために、このような仕組みが採用されている。

このように当該部会の共販は、部員が単に出荷するだけでなく、さまざまな役割を果たす中で完結している。特に出荷期間中、農協職員が選果場業務に関与していない点が着目される。このことは、農協事業の低コスト化や利用料の低減にはつながっているが、部員の労務負担は重いものとなっている。選果場の操業管理に職員が関与しないことは、きわめてまれであろう。当該部会がこのような職員の業務体制を許容しているのには、部員の3名が農協理事の経験者であることが大きい。彼らは、農協の経営や職員の実状をよく把握している。その結果、安易に職員には依存しないという姿勢が、彼ら理事経験者から部会にもたらされ、部員の主体的な対応を促していると考えられる。

4　ロイヤルティの形成条件

当該部会では、目に見える形での活発な告発は展開されていない。しかし、県内では珍しいいちご共販が長年にわたって継続されてきたこと、すなわち、退出が抑制されてきたことからは、一定のロイヤルティ形成が窺われる。その形成に重要な役割を果たしてきたのは、以下の二点と考えられる。

第一には、全部員が比較的短期間に全役職を一巡する役員体系を構築したことである。役員選出を通じた間接統治は形式的な意味しかもたず、部員は共同統治者としての位置づけをもつこととなる。

第二には、農協職員に安易には依存せず、部会の諸活動を部員が主体的に行ってきたことである。例えば、共販の実施体制を見ると、意思決定については役員を中心として行われ、具体的な業務活動は部員自らが担っていた。共販における農協の関与は小さいものとなっている。このことは、共販の遂行において部員の主体的な対応が不可欠なことと同時に、事業のあり方に不満を感じた場合、部員の判断で自主的に改善が進められることを意味する。

また、選果場の操業管理や共同購入などを通じて、役員と部員の間で密な情

報交換が行われており、それにもとづいて役員は意思決定を進めている。総会などで発言が活発でないのは、このように事業・活動の場が、部員にとって告発の実質的な機会になっているためと考えられる。

　以上をまとめると、共同統治者として意思決定に関われる役員体系と、事業・活動に関わる中で育まれる組織を改善することができるという期待、この二点が相俟って、ロイヤルティが形成されているといえよう。

第4節　大規模部会の統治機構とロイヤルティ

1　JAふくおか八女なし部会の概要

　JAふくおか八女は、福岡県南部の二市四町二村を各々管轄していた八つのJAの広域合併によって、1996年に誕生した。農産物の販売高は300億円を超え、全国でも有数の規模となっている。本節でとりあげるなし部会は、販売高約11億円で、管内作目の九番目に位置している。しかし、生産地域は、筑後市、八女市、広川町、立花町、黒木町と広範にわたっている。また、農協の広域合併前からこれら二市三町ではそれぞれ部会が設置され、活発な組織活動が展開されてきた。特に、筑後なし部会は、1987年に天皇杯を受賞するなど市場から高い評価を受けてきた。

　農協の広域合併後五部会の統合が検討されたが、これまで競争関係にあったこともあり容易に合意は得られなかった。しかし、広域選果場の建設構想がもちあがったことを契機に、五部会の役員や農協役職員による3年近い話し合いが行われ、1999年の広域選果場の完成と同時に五部会は統合した。旧五部会は、現在部会の支部として位置づけられている。

　表Ⅲ-2に、部会の概況を支部別に示した。現在、部会員戸数は約150戸、販売金額は約11億円、部会員1戸あたり販売金額は約730万円となっている。部会員の平均年齢はいずれの支部も60歳未満であり、大半は専業農家である。そのため、なし専作部会員の多い筑後支部や八女支部などでは、平均経営規模が1haを超えている。

表Ⅲ-2 支部別の出荷および部会員の概況

		計			筑後		八女	
		出荷量(千kg)	単価(円/kg)	部会員数(戸)	出荷量(千kg)	部会員数(戸)	出荷量(千kg)	部会員数(戸)
統合前	1996	4,028	394	—	1,684	—	1,282	—
	1997	4,040	348	—	1,606	—	1,312	—
	1998	3,727	365	185	1,587	50	1,193	53
統合後	1999	4,122	330	175	1,782	50	1,330	51
	2000	4,426	332	166	2,003	49	1,391	49
	2001	4,295	308	159	1,977	48	1,371	47
	2002	3,905	289	152	1,788	47	1,243	45
平均年齢		約52歳			約50歳		約55歳	
平均経営規模		102a			137a		115a	

広川		立花		黒木	
出荷量(千kg)	部会員数(戸)	出荷量(千kg)	部会員数(戸)	出荷量(千kg)	部会員数(戸)
625	—	207	—	231	—
625	—	265	—	232	—
549	40	265	22	208	20
570	34	262	22	179	18
560	31	308	20	164	17
536	30	262	18	149	16
467	29	272	17	135	14
約55歳		約45歳		約50歳	
75a		65a		44a	

資料:JAふくおか八女園芸課への調査にもとづき作成。
注)—は不明なものを表す。また、平均年齢と平均経営規模は、2004年度のデータを示している。

　表から明らかなように、部会の統合後、ギフト需要の低迷を主な要因として販売単価は低下している。また、部会員戸数も約30戸減少している。ただし、離脱者の大半は零細経営であった高齢農家であり、離脱後、個販を活発に行っている農家は数名しかいない。そのため出荷量については、統合前とほぼ同様の4千t水準を維持している。

　当該部会の規約、細則第6条（利用）では、「1. 生産資材の購入については、生産委員会、運営委員会で決定し部会員はこれに従い共同購入しなければならない。2. 部会員は、その生産量全量を共同出荷するものとし、個人販売できな

い。」として、部会員の義務を定めている。違反があった場合は除名処分となり、利用料相当額1年分を支払わねばならず、また、5年間は再加入できない。このような厳しい条件が、農協によれば現在ほぼ100％遵守されているという。その要因として、第一に、除名処分になった場合販路の確保が困難になること、第二に、部会統合当初に、役員が各部員の資材購入や出荷状況のチェックを行ったことがあげられる。

しかし、部会統合後の販売単価が低迷する中で、大規模農家を中心として結集力が維持され共販率100％が達成されている現状、すなわち、彼らの退出が抑制されている現状からは、別の要因も推測される。つまり、部会員にロイヤルティが形成されていると考えられる。以下、次の2項では、まず当該部会の統治機構を見ていく。

2 部会の統治機構

(1) 統治機構の概要

図Ⅲ－3に、当該部会の組織機構を示した。部会の最高意思決定機関は、全部会員が参加する総会である。そこでは、事業計画、決算と予算、部会員の負担金などが決議される。また、総会では、各支部の役員（支部長5名、運営委員2名、生産委員5名）、青年部役員（部長1名、副部長1名）、そして三役（部会長1名、副部会長2名）が部会の役員として承認される。

支部役員は、筑後支部においては支部内の選挙で、他の四支部では、班長が選考委員として選出している。各支部には集落ごとに班が設置されており、輪番で班長が選出されている。班長は、支部役員の選考委員や情報伝達者としての役割を担っている。青年部役員は、部内の選挙によって選出される。そして三役は、支部役員と青年部役員が選考委員となって、全部会員の中から適任者が選出されている。なお、年間の役員報酬は、部会長が15万円、副部会長が10万円、その他役員はすべて5万円となっている。

17名の役員は、執行機関として、全役員が所属する運営委員会、部会長と副部会長が所属する三役会を構成する。このうち、特に三役会が執行機関の中心となっており、部会の方針や計画の決定を先導している。農協によれば、三役

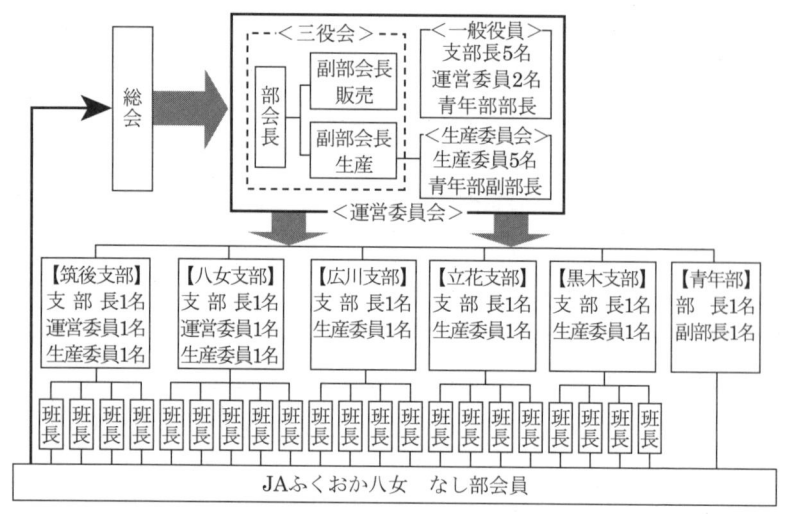

図Ⅲ－3　なし部会の組織機構
資料：表Ⅲ－2と同様。

会での決定は、統合前に最も厳しい組織統制を課していた筑後なし部会の基準に沿う場合が多い。それは、所得の向上を目指す上で最も効果的なためと考えられる。ただしその決定は、筑後支部以外の部会員にとって受け入れ難いものであることも十分考えられる。そのため、全役員によって構成される運営委員会に、三役会に対する制御機能が求められている。

このような統治機構の中で、農協職員も重要な役割を果たしている。当該部会には、営農指導員2名と販売担当職員1名が部会担当職員として配置されており、特に意思決定の円滑化という点において、三つの役割を果たしている。

第一には、三役会、運営委員会、支部に対する事務局としてのサポートである。三役会や運営委員会には営農指導員が必ず出席しており、必要に応じて販売担当職員も出席している。専門的な助言や各種資料の作成などを通じて、意思決定をサポートしている。また五支部に対しても、2名の営農指導員が分担して事務局を担当している。各支部は、現在も生産面を中心とした独自の活動を行っており、営農指導員は支部役員会などでの意思決定をサポートしている。

第二には、三役会と支部役員（運営委員会）の調整である。執行機関は三役会によって先導されているが、彼らは五支部の実状を十分に把握できていない。

そこで、支部の事務局を務め、その実状を把握している営農指導員が、三役会と運営委員会の議題設定の配分調整、三役と支部役員との意見調整などを行い、三役会での決定が後に運営委員会で問題とならないようにしている。

第三には、一般部会員の意見を支部役員に伝えることである。一般部会員の抱える問題や不満は、営農指導員に伝えられることが多い。軽微な問題はその場で解決するが、部会運営に関わる問題は支部役員に伝えられている。そして、支部の役員会などで重要な問題と認識されれば、運営委員会に諮られ部会全体で討議されることとなる。

(2) 支部役員を通じた告発

以上に示した統治機構において、部会員による直接的な影響力の行使は、最高意思決定機関である総会を通じて行われ、間接的な影響力の行使は、支部役員を通じて行われることとなる。このうち、総会では活発な議論は行われておらず、部会員間の懇親や新役員の顔見せの場としての意味が強い。それは、総会に諮られる決議が、支部の役員による検討、支部間の調整といったプロセスを経ており、総会開催以前に事実上承認されているからである。つまり、支部役員を通じた間接統治が、当該部会では重要な役割を果たしている。

ところで、図Ⅲ-1に示した部会員の退出モデルを当該事例に適用すれば、部会統合前、最も厳しい組織統制を課せられていた筑後支部の部会員はA（ファーマー層）、その他支部の部会員はB（ペザント層）に該当するといえる。当事例においては、三役会の主導の下で厳しい組織統制が採用されており（Pの上への移動）、ペザント層に退出の合理性が生じている可能性がある。事実、部会の統合後、部会を離脱して自給的農業へ転換する農家や離農する農家が見られる。ただし、部会を離脱して他の出荷機会（所得機会）を積極的に活用する農家はほとんど見られない。彼らの退出が抑制されている要因は、支部役員が事態を改善するために行為を起こす主体として、ペザント層から期待されているためと考えられる。そしてこのような期待は、部会の統合過程において育まれたものと推察される。

1996年4月、農協の広域合併が行われると同時に、「自己完結型」の事業活動を目指して、営農指導・販売体制の再編強化が着手された[12]。これと並行して

部会も統一を求められることとなり、旧五部会の役員を中心とする「なし部会協議会」が設置された。協議会では当初、統合に対する懸念の声が強かった。しかし、五部会の選果場を一元化する広域選果場の建設構想がもちあがり、統合に対する気運が高まった。同構想のきっかけは、筑後支部が利用していた選果場が老朽化し、加えて、道路の拡張予定に引っかかったことにあった。

　そこで協議会では、1999年を部会の統合目標年度として定め、協議会内に生産、販売、組織の三つの小委員会を設置し、統合のための具体的な調整を進めることとした。このように、協議会は統合に向けて動き出したが、一般部会員は必ずしも賛意を示していなかった。例えば、当時行われたアンケート調査の自由記述欄には、「大組織になり末端の切り捨てがあるのでは」（八女地区部会員）、「販売価格の安い地区に市場価格が落ち着く恐れがある」（筑後地区部会員）など、さまざまな不安の声が示されている。この背景には、取引先市場、取り扱い品種、選果強度、出役の仕組みなど、支部（旧部会）間でのさまざまな組織運営の相違があった[13]。そのため、小委員会においては、支部間で強い緊張関係が生じていたと考えられる。

　小委員会での情報は、役員を通じて一般部会員にももたらされた。部会の取り扱い品種や出役の仕組みなどは、農業経営の存続にかかわる重要な問題である。そのため一般部会員においても、小委員会の動向に対する強い関心が喚起されたと考えられる。そして、小委員会に出席する役員は、支部の実状から乖離した運営とならないよう、利害の代弁者としての重要性が高まった。

　このような状況の中で話し合いが続けられ、1999年の広域選果場の完成と同時に部会は統合した。農協によれば、支部間の調整は結局のところ、旧筑後部会の基準を軸に進められたとのことである。ただし、他の支部に対する配慮も見られた。例えば、現在の選果場は八女支部に位置し、立花や黒木支部からの輸送距離は遠い。そこで、それら二支部に対し、他の三支部から補填金を払う仕組みが整備された。また、統合部会の運営委員会における、支部別の配分数に着目する必要がある。立花や黒木などの小支部にも一定の役員数が配分され、影響力を行使する体制が整備された。このような配慮が、統合部会の運営に対する一般部会員の納得を引き出していると考えられる。

現在も、三役を中心として厳しい組織統制が採用されており、支部間には緊張関係が存在する。一般部会員の利害の代弁者として、支部役員は引き続き重要な役割を負っている。その一方で、統合後の部会では、支部間の一体性を高めるためのさまざまな活動や仕組みも整備された。次の3項で、生産技術に関する取り組みと共販の実施体制をとりあげ、その実態を見ていく。

3 部会の組織活動
(1) 生産技術に関する取り組み

統合後の部会では、栽培管理講習会を年6回開催している。営農指導員が圃場で具体的な作業を行い、部会員の質問を受けながら進められる。技術の徹底を図るには少数で実施する必要があるため、支部別に開催している。ただ、着果量を指導する6月の講習会は園地互評会とよばれ、異なる仕組みで行われている。部会員は、所属支部に関係なく10のグループに分けられ、営農指導員とともに他支部の圃場を巡回することとなっている。園地互評会は、技術指導の場としてだけでなく、他支部の生産管理の実状を学ぶ場、他支部部会員との交流を深める場ともなっている。

営農指導員が行う技術指導の内容は、事前に役員と協議したものである。各期の講習会前には生産委員会が開催され、そこで指導内容が決められている。この生産委員会は、部会の生産技術の向上に大きな役割を果たしている。生産委員は、肥料や農薬などの新商品を、自らのなし園を供試し分担して試験研究している。また、部会が共同購入する生産資材の種類も生産委員会が決めることとなっており、試験研究の成果がとり入れられている。

このように生産委員会を中心として、支部間の技術統一、高位平準化が進められている。

(2) 共販の実施体制

当該部会では、販売戦略などの基本的な方針は総会で決定される。それにもとづき、各年度の取引先市場、出荷経費の徴収や精算方法などが運営委員会において決定される。出荷期間中の販売実務は、三役と適宜相談しながら販売担当職員が遂行している。

統合後の部会においては、品質に対する意識統一が大きな問題となった。この問題に対応するため、さまざまな仕組みが整備された。第一には、支部ごとに開催する目合わせ会である。品種ごとに2回開催し、営農指導員が収穫適熟果の徹底を図っている。第二には、格外品に対する罰金制度である。腐敗に繋がるなしをもち込んだ場合、1玉50円徴収されることとなっている。第三には、選果場作業への出役である。選果場作業はパート作業員によって行われているが、出荷ピーク時には夜遅くまでの作業を強いられる。そこで、四班に分けられた部会員が、夜7時以降の作業についてはパート作業員の代わりに行っている。各班の出役回数は年3回程度にすぎないが、出荷商品の実態を学ぶ重要な機会として部会では位置づけられている。

また、当該部会では販促活動を活発に行っている。活動の中心は、なし部会青年部と同女性部である。現在、年10回以上、両部員が協力して全国各地のスーパーの店頭に立ち、売り子を務めている。彼らは、部会の会合に出ることは多くないが、生産現場では重要な役割を果たしている。彼らの共販に対する意識を高める上で、販促活動の意義は決して小さくない。また、部会員の家族レベルでの交流の場ともなっている。

4 ロイヤルティの形成条件

以上を踏まえて、当事例におけるロイヤルティの形成条件をまとめる。

当該事例では、直接的な影響力の行使は活発ではなく、間接的な影響力の行使が重要な役割をもっていた。具体的には、部会の統合過程あるいは統合後の部会において、支部の実状から乖離した運営とならないように、事態を改善するために行為を起こす主体として支部役員が機能していた。

支部役員を選出するのは、選考委員としての班長である。よって、一般部会員に背信的な支部役員が選出されたとすれば、それは班長の責任である。班長は輪番制であり、全部会員にその機会が回ってくる。このような役員の選出体系と実際の統合条件に関する情報がもたらされたことが相俟って、部会員の間には、しっかりと発言することのできる役員を選出せねばならないという、選出者としての強い自覚が育まれたと考えられる。

このような部会員によって選出される支部役員は、実際に利害の代弁者として機能してきたと考えられる。その結果、支部役員は事態を改善するために行為を起こす主体として一般部会員から認識されることとなり、ロイヤルティが形成されたと考えられる。当該事例におけるロイヤルティは、支部間の運営の相違にもとづく緊張関係を基点として、形成・強化されてきたといえよう。

　当該事例において評価されるべき点は、このような緊張関係を創出しつつ、その一方で、統合部会としての一体性を高めるための仕組み、緊張関係を緩和する仕組みも構築していることである。例えば、園地互評会や販促活動などである。以上のように、緊張関係の創出と緩和を継続することによって、当該部会は安定的に発展することが可能となろう。

第5節　むすび

　本章では、以下の点を明らかにした。

　第一に、部会の統治のあり方について、特にハーシュマン理論を用いて、部会の存続メカニズムを検討する中で明らかにした。部会の存続には、退出と告発という二つの回復メカニズムのうち、後者が先に活発化されなければならないこと、告発の具体的な方法としては、意思決定の場への参画を通じた直接的な影響力の行使と、役員の選出を通じた間接的な影響力の行使があること、さらに、それら二つの方法による告発が活発化されるには、ロイヤルティの形成が不可欠なことを明らかにした。

　第二に、小規模部会の事例としてJAはだのいちご部をとりあげ、統治機構とロイヤルティの実態を考察した。当該部会では、直接的な影響力の行使は不活発で、役員選出を通じた間接的な影響力行使も形式的な意味しかもっていなかった。しかし、全部員が比較的短期間に役職を一巡するという役員体系の下で、部員は共同統治者としての性格をもち、また、事業・活動に部員が主体的に関わる中で、組織を改善できるという期待が育まれていた。これら二点が相俟って、ロイヤルティが形成されていると考えられた。

第三に、大規模部会の事例としてJAふくおか八女なし部会をとりあげ、統治機構とロイヤルティの実態を考察した。当該部会では、直接的な影響力の行使は活発でないが、間接的な影響力の行使が重要な役割をもっていた。すなわち、支部役員が事態を改善するために行為を起こす主体として一般部会員から認識されており、ロイヤルティが形成されていると考えられた。当該事例のロイヤルティは、支部間の緊張関係を基点として形成・強化されているが、同時に緊張関係を緩和する仕組みも整備されていた。このように、緊張関係の創出と緩和が継続されることにより、当該部会は安定的に発展することが可能になると考えられた[14]。

【注】

1) JAはだの野菜部会いちご部が正式名称である。以下、当部会の事例分析においては、現場での呼称に従って、部会員ではなく部員、部会長ではなく部長を用いる。
2) 以下、本章のハーシュマン理論に関する記述は、ハーシュマン[5]、pp.1〜23およびpp.87〜88に依拠している。
3) 堀田[6]、pp.124〜125を参照。
4) 宮部[8]、pp.1〜7を参照。
5) 伊丹[3]、p.10を参照。
6) 伊丹[3]、p.22を参照。
7) 増田[7]、p.64を参照。
8) 伊丹[3]、p.28を参照。
9) ②の経済成果の優先分配権は、借入金の返済、株主への配当、内部留保などのあり方を意味しているが、部会にはそれらがいずれもなく、資金結合体としての性格が極めて弱いため、ここではとりあげない。
10) 両層の分類基準や組織志向は、石田[1]、pp.17〜19を参照した。
11) P'は生協との契約型取引、P''は直売所への出荷などが考えられる。なお、P（部会）も含めて、それらは直接的には出荷機会（所得機会）を表しているが、本文の横軸と縦軸の定義に明記したように、それら機会の利用にあたって必要となる生産から販売に至るあらゆる経営コスト、および労働義務負担も含んでいるものとする。すなわちP、P'、P''は、所得と労働義務の組み合わせを表す。
12) JAふくおか八女における営農関連事業体制や部会の再編については、板橋[2]、pp.130〜135や農山漁村文化協会[4]において詳しい。ここでは、実際のヒアリングと

あわせてそれらも参照している。
13) 例えば、取り扱い品種について見ると（1997年の場合）、筑後支部は3種類、八女支部は7種類、立花支部は5種類、広川支部は5種類、黒木支部は5種類というように、支部間でばらつきがあり、ロットの小さい品種の切り捨てが懸念された。また、選果強度の相違の一例として、筑後支部と八女支部の等級別出荷量割合（1997年度の幸水の実績）をあげると、前者は、秀15.8％、優33.5％、良44.0％、並6.8％だったのに対し、後者は、秀37.8％、優24.3％、良34.8％、並3.1％だった。このように、出荷規格から見ると八女支部の方が高品質商品の割合が高いが、平均単価は筑後支部が1kgあたり365円、八女支部が270円だった。つまり、筑後支部の方がより厳しい選果を行っていたと考えられる。
14) 第1節で述べたように、本章では人間関係的信頼をロイヤルティとして捉えることとした。ここで、それら概念の整合性を確認しておく。序章で指摘した通り、信頼とは、社会的不確実性が存在する状況において相手の人間性や行動特性にもとづいて形成される、相手の意図に対する期待を意味する。特に人間関係的信頼は、自分に対する感情や態度にもとづく期待を意味する。一方、ロイヤルティは、組織の改善の不確実性が存在する状況において形成されるもの、すなわち、組織という相手（特に、組織の意思決定機関や実際に決定を行うひとびと）の意図に関する情報が不足した状況において形成されるものである。そして事例分析において示されたように、部会役員の部会員に対する態度や行動が、ロイヤルティの重要な形成条件となっている。以上から、ロイヤルティと人間関係的信頼はほぼ同義と捉えることができよう。

【参考文献】

[1] 石田正昭「農業経営異質化への農協販売事業の対応課題」『農業経営研究』、第33巻第2号、1995
[2] 板橋衛「合併農協にふさわしい事業再編に挑む農協像―新たな大規模産地形成と営農指導・販売体制の再編―」三国英実編著『地域づくりと農協改革』、農山漁村文化協会、2000
[3] 伊丹敬之『日本型コーポレートガバナンス』、日本経済新聞社、2000
[4] 農山漁村文化協会「『JAの直販』と『農家の直売』で営農復権―JAふくおか八女の実践―」『農村文化運動』、171、2004
[5] ハーシュマン著・三浦隆之訳『組織社会の論理構造』、ミネルヴァ書房、1975
[6] 堀田忠夫『産地生産流通論』、大明堂、1995
[7] 増田佳昭「協同組合における組合員の経営参加」山本修・吉田忠・小池恒男編著『協同組合のコーポレート・ガバナンス』、家の光協会、2000
[8] 宮部和幸「農協部会組織の活性化に関する課題」『神戸大学農業経済』、第37号、2004

第Ⅳ章

農協生産部会における協同とソーシャルキャピタル

第1節　はじめに

　本章の課題は、部会員と部会員を結びつける人間関係的信頼の形成を可能とする、協同のあり方を解明することにある。その際、本章では人間関係的信頼をソーシャルキャピタルとして捉えることとする。

　協同とは、個人や集団がある目的を達成するために、力をあわせる過程や関係のことを指す[1]。部会においては、共同販売や共同購入などの農協事業が運営され、講習会や研修などの組織活動が実施されている。部会が農業経営の発展という目的の達成のために設立されていることを考えれば、そこで展開されている事業・活動は、そのひとつひとつが具体的な協同といえよう。

　前章では、協同の場としての部会の存続メカニズムを、ロイヤルティにもとづく告発の活発化という視点から論じ、部会役員を通じた間接統治の重要性を指摘した。農協の広域合併にともなう部会の大型化は今後も続くと考えられ、意思決定の効率性を高めるために、間接統治の重要性は増すだろう。

　ただし前章では、共販率や講習会への参加率、事業・活動の展開プロセスにおける部会員の協力関係など、協同の活性化を促進するメカニズムや規定する要因について十分明らかにできていない。部会の存続・発展には、告発を通じた改善策の模索とともに、その改善策にもとづいて展開される事業・活動の活性化も不可欠である。

　そこで本章では、ソーシャルキャピタルに着目する。ソーシャルキャピタルとは、「ネットワーク、規範、社会的信頼のような社会的組織の特徴」を意味

し[2]、ひとびとの協力関係を促進する機能をもつ。本章では事例分析を通じて、部会におけるソーシャルキャピタルの形成とその機能が発揮されるメカニズムを検討し、協同の活性化を促す事業・活動のあり方を明らかにする。

このような分析は、第Ⅰ章で指摘した情報蓄積体としての部会のあり方も明らかにすることとなる。なぜなら、ソーシャルキャピタルとはひとびとの間に存在するネットワークそのものであり、その形成メカニズムを明らかにすることは、情報蓄積の基盤となるネットワークのあり方についても明らかにすることになるからである。

以下では、次の二点の検討を行う。

第一に、既存のソーシャルキャピタルに関する研究を概観し、その定義・機能を確認するとともに、部会の今日的な状況を踏まえて、ソーシャルキャピタルと協同の関係性について考察する。

第二に、北信州みゆき農業協同組合（以下、JA北信州みゆきと略す）管内の二つのリンゴ部会、上今井支部と豊田支部をとりあげ、組織の運営機構や組織活動の実態を明らかにするとともに、そこでの差異が、両部会における協同に対してどのような影響を与えているのかについて、ソーシャルキャピタルの形成と機能発現という視点から考察する。

なお、上述の二つの部会を事例としてとりあげる理由は、両部会が同じ村内に位置するにも関わらず、協同の実態に差異が大きいことにある。部会において形成されるソーシャルキャピタルには、部会において実施される事業・活動のあり方だけでなく、地域コミュニティのネットワークや規範も大きな影響を与えると考えられる。その影響力の相違が、同じ村内に位置する部会ならば小さいと考えられる。その一方で、両部会の協同の実態には差異が大きい。これらのことから、協同の促進に寄与する部会の事業・活動のあり方という課題を検討する上で適した事例といえよう。

第2節　部会とソーシャルキャピタル

1　ソーシャルキャピタルの定義と機能

まず、既存のソーシャルキャピタル研究から、その定義を確認しておこう。同研究の代表的論者であるパットナム[8]は、「相互利益のための調整と協力を容易にする、ネットワーク、規範、社会的信頼のような社会的組織の特徴を表す概念」として、ソーシャルキャピタルを定義している。パットナムは、ひとりでボウリングするアメリカ人が増えていることを典型的な例として、アメリカ市民社会の活気が過去数十年の間に著しく失われていることを指摘し、その原因をソーシャルキャピタルの減退に求めている[3]。

ビジネスにおける実践性の観点から、ソーシャルキャピタルの構築・活用方法を体系的に整理したベーカー[1]は、ソーシャルキャピタルとは、「個人的なネットワークやビジネスのネットワークから得られる資源」を意味するとし、具体的な資源として、「情報、アイディア、指示方向、ビジネス・チャンス、富、権力や影響力、精神的なサポート、善意、信頼、協力」などをあげた[4]。

ソーシャルキャピタルへの経済学的アプローチを試みた山崎[7]は、「地域や集団内部における人々の信頼関係や共有される規範などから人々の経済行動が影響を受ける側面」があるとし、このような「相互関係からみた社会関係資本」をソーシャルキャピタルと位置づけた。そして、不完全競争や情報の非対称性、不確実性が重要となる取引では、ソーシャルキャピタルが特定集団の内部で効率性を高めるとした[5]。

これら三者の定義においては、いずれもソーシャルキャピタルは個人に属するものではなく、人間関係のネットワークの中に存在する社会関係資本として捉えられている。ただし、具体的に何を指すかについては相違が見られる。そこで本章では、三者の定義の共通項を多く含み、また、さまざまな研究分野に応用されることの多いパットナムの定義を採用し、「ネットワーク、規範、社会的信頼」をソーシャルキャピタルの具体的な中身として捉えることとする。

ソーシャルキャピタルの機能・効果については、さまざまな指摘がなされて

いる。例えば、国家レベルで、経済や政治のさまざまな指標とソーシャルキャピタルとの因果関係を調べたアスレイナー[2]は、ソーシャルキャピタルの形成が進んでいる国家ほど市場開放度が高く、経済成長率も高く、腐敗の度合いが低く、富裕層から貧困者に対する移転支出が多いことなどを指摘した[6]。

他方、家計や企業といったミクロレベルの経済活動に対しては、ソーシャルキャピタルが次のような機能・効果をもつことが大守[3]によって指摘されている[7]。第一に、市民的な成熟を促し、ネットワーク拡大の容易化や公共施設・サービスの経営効率を高めることである。なお、成熟した市民とは、ルールを尊重した上での自己主張、他人の意見・事情に対して理解を示すといった習慣が身に付いているひとのことを指す。第二に、ひとびとのインセンティブに影響を与え、人的資本の蓄積や前向きな挑戦を促進することである。第三に、情報の不完全性を補完し、情報収集コストを削減させることである。本章が着目するソーシャルキャピタルの機能・効果も、これらの点にある。

今日の部会においては、部会員のより成熟した市民としての行動が求められている。例えば、規約において全量共同出荷や全量共同購入が謳われているのにも関わらず、機会主義的に商系業者と取り引きすることが一般化されている。また、上位規格の商品は個販で流通させ、下位規格や規格外の商品を選果場へ持ち込むといった行動も少なからず見受けられる。これらの行動は、計画的な出荷の困難化、産地ブランドの低下、選果場経営の効率性低下といった事態を招いている。一定の歯止めが必要といえよう。そして、これら行動が抑制されて共販の評価が高まるならば、そのことが、活発な試験活動など部会員の前向きな対応を引き出すインセンティブとなろう。このように、部会においては市民的成熟やインセンティブに対する影響など、ソーシャルキャピタルの機能が求められている。さらに、より不可欠な機能と考えられるのが情報の不完全性を補完する機能である。この点について以下で見ていく。

2　情報の不完全性とソーシャルキャピタル

山崎[7]は、情報の不完全性が存在する状況においてソーシャルキャピタルが必要とされる理由を、表Ⅳ－1に示した利得表を用いて説明している[8]。

この表は、AとBの二人が、相手に協力的な行動を選択した場合、あるいは非協力的な行動を選択した場合に得られる利益（利得）を表している。左上の（a, a）は、Aが協力、Bも協力を選択した場合に、双方の利得がともにaとなることを意味し、右下の（d, d）は、Aが非協力、Bも非協力を選択した場合に、双方の利得がともにdとなることを意味する。また、左下の（b, c）は、Aが非協力、Bが協力を選択した場合に、Aの利得はb、Bの利得はcとなることを意味し、右上の（c, b）は、Aが協力、Bが非協力を選択した場合に、Aの利得はc、Bの利得はbとなることを意味している。なお、表においては、a＞bとc＜dが成立しているものとする[9]。

表Ⅳ-1　利得表

		B	
		協力	非協力
A	協力	(a, a)	(c, b)
	非協力	(b, c)	(d, d)

資料：山崎[7]、p.195の表を一部修正して作成。

いま、a = 20、b = 15、c = 5、d = 10としよう。このとき、相手に対する信頼度、すなわち相手が協力を選ぶ確率をpとする。すると、AとB双方の協力を選ぶことによる利益の期待値は20p + 5（1 - p）となり、非協力を選ぶことによる利益の期待値は15p + 10（1 - p）となる。よって、pが1／2を上回る場合、協力することの期待値が非協力の期待値を上回り[10]、協力が合理的な行動となる。この相手に対する信頼度pを左右するものが、ソーシャルキャピタルだと考えられる。さらに、協力を選んだときの利得が20ではなく30であったとすると、協力をもたらすために必要な最低限度の信頼は1／4となる[11]。つまり、協力による利益が大きい場合には、ソーシャルキャピタルの必要性は低下し、逆に協力による利益が小さい場合には、ソーシャルキャピタルの必要性が高まることとなる。以上の点を、部会の今日的な状況に引き寄せて考察しよう。

今日の部会においては、情報の不完全性が高まっている。すなわち、個々の部会員がどのような行動をとるのかについて、その判断のために必要とされる情報を互いに十分もてない状況が深まっている。その主たる要因は、部会の大型化と地縁ネットワークの脆弱化といえよう。これらによって、互いの顔さえ

知らない状況が生まれている。また、部会の大型化は、部会員ひとりひとりの組織に対する貢献について、その相対的価値を低下させることとなる。その結果として、部会において果たすべき役割に対する部会員の責任感を低下させている。また、地縁ネットワークの脆弱化は、地縁組織がもっていた規範や相互監視機能の喪失といった事態を招いている。加えて、直販への取り組みや新商品の開発が進んでいないため、協力によって得られる利益の低下、すなわちaとdの差が縮小していると考えられる。これらの結果、部会に対して非協力的な行動をとることが、部会員個々の農業経営にとっては合理的な行動である、という状況が生じていると想定される。

次に、利得表の条件としたa＞bとc＜dについて、部会に当てはめるとどのような実際の状況が想定されるか検討しよう。a＞bは、相手が協力を選択しているときには、自分も協力を選択した方がより大きな利益が得られることを意味する。この条件は、部会における協力として、共販への全量出荷、事業活動における積極的な労務負担などが行われているときに、成立するといえよう。c＜dは、相手が非協力を選択しているときには、自分も非協力を選択した方がより大きな利益が得られることを意味する。この条件は、機会主義的に個販を行い、事業活動における労務を負担しないような部会員が存在するときに成立するといえよう。

以上の点は、部会における二つの均衡、二極化の可能性を意味する。すなわち、一定の協力的な部会員が存在すれば、部会員全員が協力的な行動を選択するようになり、一定の非協力的な部会員が存在すれば、部会員全員が非協力的な行動を選択するようになることである。前者は (a, a)、後者は (d, d) の状況が、組織として成立していることを意味する。現実としては、後者に近い部会が多いと考えられる。その要因は、すでに指摘したとおり、情報の不完全性の拡大や協力によって得られる利益の低下にあると考えられる。

今日の部会は、部会員の非協力的な行動を抑制することができず、それがさらなる他の部会員の非協力的な行動を促すという、悪循環に陥っている。逆に、このような状況にあるからこそ、ソーシャルキャピタルの果たすべき役割は今日拡大しているといえよう。

以上、本節ではソーシャルキャピタルの定義・機能を確認するとともに、部会における協同を促進するために、ソーシャルキャピタルの果たすべき役割が拡大していることを明らかにした。これらの点を踏まえて、次節以下では、部会におけるソーシャルキャピタルの形成と機能の発現メカニズムについて検討を進める。

第3節　事例部会の概況

1　事例部会の概要

　本章で事例としてとりあげる二つのリンゴ部会、上今井支部と豊田支部は、JA北信州みゆきの管内の旧豊田村（2005年4月より中野市）に位置する。JA北信州みゆきは、長野県最北端の豪雪地帯、飯山市、木島平村、野沢温泉村、旧豊田村、栄村を管轄地域としている。総代会資料（2004年度）に掲げられた「元気の泉を掘り出そう」というスローガン通り、地域をリードするさまざまな取り組みを行っている。特に、学ぶ場づくりを重んじており、「あぐりスクール」、「JA女性大学」などは全国的にも有名である。組合員数13,189名（うち准組合員4,047名）、販売事業高約130億円、主な作目は、米が約22億円、キノコが約65億円、野菜が約23億円、果実が約5億円などとなっている。

　長野県は果樹農業の盛んな地帯であるが、JA北信州みゆき管内においてその地位は必ずしも高くない。それは、管内が長野県果樹栽培の北限に位置し、栽培地域が旧豊田村を中心とする一部地域に限定されているからである。ただし明治以来の歴史をもつ同村のリンゴ栽培は、ピーク時に面積が300haに達し、全農家の6割はリンゴ生産に取り組むなど、一大産業として発展を遂げてきた。高齢化や耕作放棄地の増大で、1985年頃に12億円あった旧豊田村のリンゴ販売金額は、現在7億円程度にまで落ち込んでいる。しかし現在なお、栽培農家戸数約300戸、栽培面積約200haなど県下でも有数のリンゴ産地となっている。

　旧豊田村を管轄範囲とするJA北信州みゆきには、リンゴ部会の本部（リンゴ本部会）が設置され、管内リンゴ農家約350戸が所属している。ただし、本部

は特に機能をもっておらず、本部の下に設置されている支部が、事業・活動の具体的な単位となっている。旧豊田村には現在、本章が事例としてとりあげる上今井支部と豊田支部の二つの支部が存在しており、上今井支部の農家は上今井共選所へ、豊田支部の農家は替佐共選所へ出荷している。村内のリンゴ共販は二つの共選所ごとに行われており、統一ブランドの確立には至っていない。

　元々、旧豊田村の中でも、リンゴ生産は上今井、替佐、永田の三地区で盛んであった。三地区ではそれぞれ園芸組合が組織され、各々共販が展開されてきたが、替佐地区と永田地区の園芸組合は、1980年代の初めに当時の豊田村農協と合併し、それぞれ豊田村農協リンゴ部会、豊田村農協永田リンゴ部会となった[12]。その後、両部会は1997年に統合し、現在の豊田支部を構成している。他方、強固な組織基盤を有していた上今井園芸組合は、専門農協として独自の事業展開を行ってきた。しかし、高齢化にともない役員負担軽減の必要性に迫られ、1998年に農協と合併して現在の上今井支部を構成している。

　表Ⅳ－2に、上今井支部と豊田支部におけるリンゴの販売概況を示した。上今井支部は、豊田支部と比べて出荷量で約5万ケース大きい。一方、部会員数は、上今井支部が93戸、豊田支部が193戸となっている。そのため、部会員1戸あたりの年間出荷量は、上今井支部で約1,370ケース、豊田支部で約370ケースとなっている。

　このような差は、上今井支部の部会員が平地に比較的規模の大きいリンゴ園をもつのに対し、豊田支部の部会員は山間部を中心にリンゴ園をもつなど、経営規模の零細性の反映と考えられる。また、豊田支部の部会員において、高齢化・兼業化がより進んだ結果とも考えられる。しかし、ここで問題としたいのは、豊田支部において活発な系統外出荷である。農協では、上今井支部の共販率を約70％、豊田支部の共販率を約40％と推定している。ロットの小さい豊田支部の価格形成力は、相対的に弱くならざるをえない。さらに問題なのは、豊田支部において系統外に高品質のリンゴが流通していることである。

　表Ⅳ－3には、2001年から2003年までの両支部における、サンふじの等級別出荷量割合を示した。晩生種のサンふじは、贈答用に特に人気の高い品種であり個販が活発である。等級は四つあり、優れている順から、特秀、秀、赤秀、

表Ⅳ-2　上今井支部と豊田支部における販売概況

年度	上今井 出荷量（ケース）	上今井 販売金額（千円）	上今井 販売単価（円/ケース）	豊田 出荷量（ケース）	豊田 販売金額（千円）	豊田 販売単価（円/ケース）
2001	124,212	264,225	2,127	74,408	152,740	1,964
2002	139,528	275,651	1,976	77,439	141,311	1,774
2003	117,513	265,322	2,258	76,388	161,609	2,048
平均	127,084	268,399	2,120	76,078	151,887	1,929

資料：JA北信州みゆき園芸特産課への調査にもとづき作成。

表Ⅳ-3　サンふじの等級別出荷量割合

	2001年度 上今井	2001年度 豊田	2002年度 上今井	2002年度 豊田	2003年度 上今井	2003年度 豊田	平均 上今井	平均 豊田
特秀	21.5%	10.8%	24.5%	11.7%	25.0%	8.9%	23.7%	10.5%
秀	44.0%	21.7%	46.0%	26.0%	44.0%	31.2%	44.7%	26.3%
赤秀	22.1%	49.3%	20.0%	52.2%	22.8%	50.3%	21.6%	56.3%
並	12.4%	18.2%	9.6%	10.1%	8.2%	9.6%	10.1%	12.6%

資料：前表と同様。

並となっている。3年間の平均値を見ると、上今井支部では特秀および秀の上位二等級で約68％の出荷量を占めているのに対し、豊田支部では上位二等級の比率は約37％に過ぎない。このようにロットと品質に相違があることから、表Ⅳ-2に示したように、上今井支部の1ケースあたり平均単価は豊田支部に比べて約200円上回っている。

　以上のように、同じ村内に位置する部会にも関わらず、部会員の行動には大きな相違がある。以下では、部会員の行動に影響を与えていると考えられる、両支部の組織運営や組織活動の実態について見ていく。

2　農協の事業体制

　まず、農協の両支部への対応体制を見ていく。現在JA北信州みゆきは、両支部に対して、営農技術員と販売担当職員をそれぞれ1名対応させている。営農技術員は、栽培・出荷講習会などでの技術指導はもちろん、部会事務局として会議の連絡・資料づくり、また共選所のパート作業員の指導など多様な業務に

従事している。

　販売担当職員は、販売に関する業務を全般的に担っている。特に、出荷期間中においては、出荷先、販売単価など農家が大きな関心を寄せる分野を含め、販売に関する実務を全般的に遂行している。また、直販ルートの開拓を積極的に進めている。栽培の北限に位置する管内のリンゴは、食味は優れているものの出荷時期が遅く、消費者が購入する際の判断基準とする色目についても他産地に劣る。そこで、食味をセールスポイントとした販路の開拓を行っている。

　例えば、豊田支部の出荷先は、鹿児島、広島などを中心に市場流通が9割を占めているが、全農パールライス（神奈川）のカタログ販売、東京都内、福井市内、四日市市内などの農協直売所を直販での販路としている。また、上今井支部の出荷先も同様に市場流通が9割近くを占めるが、Ａコープ店舗や郵パック事業などの直販経路も確立されている。

　これら直販では、市場流通を上回る農家手取りが保証されている。さらに、一部直販では商品の差別化が実現されている。例えば、全農パールライス（神奈川）への直販では、商品を"葉とらずリンゴ"に限定している。本来採るべき葉を残し、自然落葉してから収穫するこのリンゴ栽培には、慣行栽培と異なる栽培管理技術や積雪によって収穫が皆無となるリスクをともなう。そのため、全部会員の取り組みとするのは難しい。そこで、営農技術員が取り組みに意欲的な農家や商品特性に応じた栽培管理の可能な農家をピックアップし、合わせて技術指導を行っている。販売担当職員と営農技術員の有機的なリンクが、管内の直販を支えているといえよう。

　このように、各支部に対しては営農技術員と販売担当職員がそれぞれ1名ずつ対応し、部会の活動を支えている。その対応には、大きな相違は見られない。

3　部会の役員体制

　次に、部会の役員体制について見ていく。すでに述べたように、出荷期間中の販売に関する業務や販路の開拓などは、現在両支部とも農協職員が全般的に担っている。しかし、最近まで専門農協であった上今井支部では、部会長を中心とする役員がそれら業務を担い、労務負担は極めて大きかった。現在その負

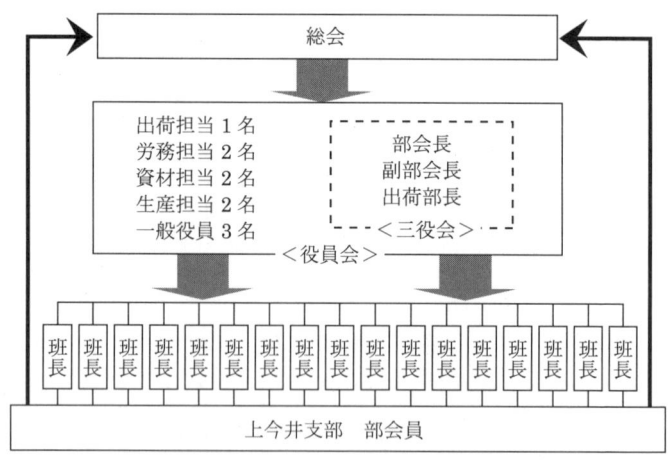

```
                    ┌─────────────────────────┐
                    │          総会            │
                    └─────────────────────────┘
                                │
         ┌──────────────────────┼──────────────────────┐
         │   出荷担当1名          ┌ ─ ─ ─ ─ ─ ─ ─ ┐    │
         │   労務担当2名          │    部会長      │    │
         │   資材担当2名          │   副部会長     │    │
         │   生産担当2名          │   出荷部長     │    │
         │   一般役員3名          └ ─ ─ ─ ─ ─ ─ ─ ┘    │
         │              <役員会>      <三役会>          │
         └──────────────────────┬──────────────────────┘
                                │
   ┌─┬─┬─┬─┬─┬─┬─┬─┬─┬─┬─┬─┬─┬─┬─┬─┬─┐
   │班│班│班│班│班│班│班│班│班│班│班│班│班│班│班│班│班│
   │長│長│長│長│長│長│長│長│長│長│長│長│長│長│長│長│長│
   └─┴─┴─┴─┴─┴─┴─┴─┴─┴─┴─┴─┴─┴─┴─┴─┴─┘
              上今井支部　部会員
```

図Ⅳ-1　上今井支部の組織機構
資料：表Ⅳ-2と同様。

担は軽減されているものの、少なからぬ組織業務へなお従事している。

　図Ⅳ-1に、上今井支部の組織機構を示した。同支部の役員は全13名からなる。その役職は、部会長1名、副部会長1名、出荷担当2名、労務担当2名、資材担当2名、生産担当2名、一般役員3名となっている。役員13名は役員会を形成し、互選で部会長、副部会長、出荷部長（出荷担当役員のうちの1名）を三役として選出する。部会運営に関わる重要事項は、三役会で方針が協議された後、役員会に諮られ決議される。その際、営農技術員や販売担当職員は、会議に必要な資料の作成やデータの提示などを行い、意思決定をサポートしている。また、軽微な問題は、部会長が単独で意思決定を行っている。このような意思決定にもとづき、役員は役職（職能）に応じた業務管理へ従事することとなる。役員会や三役会をトップマネジメントとするならば、各役員は、ミドルあるいはローワーマネジメントに該当する機能を担っているといえよう。

　これらの役員は、総会時に選出されている。その人選を行うのは選考委員である。選考委員は、班長17名と部会長（総会で次期部会長を選出しその任を解かれる）で構成される。支部内には、6から7戸程度の近隣農家ごとに班が整備されており、部会の連絡系統の役割を担っている。班長が選考委員を務めることは地区全体の広い意思反映への配慮、部会長が選考委員を務めることは部会

運営の継続性への配慮といえよう。

　他方、1980年代前半に農協の部会となった豊田支部は、上今井支部と比べて役員負担は軽減されている。豊田支部の役員は全12名からなる。その役職は、部会長1名、副部会長1名、会計1名、一般役員7名、監事2名となっている。役員12名は役員会を形成し、互選で部会長、副部会長、会計を三役として選出する。基本的な意思決定のパターンは、上今井支部と同様である。しかし、役員の職能が細分化されていないことから分かるように役員間の役割分担は明確でなく、各種の業務管理に関して部会長や農協職員が意思決定する場合も多い。ミドルあるいはローワーマネジメントに該当する機能が存在しない。

　豊田支部の役員も、上今井支部役員と同様に総会時に選考委員によって選出されている。選考委員は、役員OBなどを中心に5から6名が総会時に選出される。豊田支部にも班があり、かつては選考委員を担っていたが、高齢化が進む中で部会活動に参加できない班長も増え、彼らが役員を選ぶにあたっての情報が不足していることから、現在のような選出機構へと変更されている。

4　部会の運営と活動

　次に、両支部の組織運営と組織活動の実態について見ていく。表Ⅳ-4に、両支部の総会資料から主な活動を抽出して示した。

　この表からまず、両支部とも三役会や役員会などを頻繁に開催していることが確認される。また、4月下旬に両支部とも総会を開催している。総会は、部会の最高意思決定機関であり、部会員の全員参加が原則である。しかし実際には、上今井支部において約7割の出席率、豊田支部においては委任状を含めて約5割の出席率となっている。特に豊田支部において、総会への参加状況が悪い。総会では、前述した役員の選出以外に、生産、販売、選果場運営などに関する前年度の事業総括や、当該年度の事業計画などが諮られる。ここでの決議を踏まえて、三役会や役員会は具体的な意思決定を進めている。

　また、表からは両支部に共通する組織活動として、次の二つの活動が窺われる。第一には、市場訪問やイベントへの参加など、外部への働きかけを主な目的とした対外的な組織活動である。この活動への参加者は、主に部会長、農協

表Ⅳ-4　2003年度における両支部の主な活動

		上今井支部	豊田支部			上今井支部	豊田支部
4月	上旬	生産部全体会議 役員会	三役会 役員会	9月	上旬 中旬	遊休農地調査 役員会	遊休農地調査 役員会 備後青果来訪
	中旬	エコファーマー研修会	役員会	10月	上旬	労務担当役員会議	北信果実リンゴ部会
	下旬	生産部全体会議 通常総会	定期総会			北信果実リンゴ部会 役員会	役員会
5月	上旬	三役会	役員会 三役会		中旬	玉林目揃え会	
	中旬	減農薬防除講習会 役員会 生産部第1回病害虫調査	役員会		下旬	サンふじ目揃え会 三役会	サンふじ目揃え会
	下旬	北信果実専門委員会総会 三役会	北信果実専門委員会総会	11月	上旬	豊島青果来訪 研修視察 郵パック会議	富士中央青果市場祭り 研修視察 役員会
6月	上旬	生産部第2回病害虫調査 役員会	腐らん病一斉点検		中旬	野沢支所ふじ祭り 豊田支所ふじ祭り	チップ目揃い会 富士中央青果・ひのや来訪 東京・青葉農業祭り
	中旬 下旬	6月管理講習会 果実販売会議 生産部第3回病害虫調査 役員会	摘果講習会 果実販売会議	12月	上旬	役員会 生産部防除暦検討会	役員会
7月	上旬	生産部第4回病害虫調査			中旬 下旬	病害虫防除研修会 役員会	役員会
	中旬	三役会 生産部第5回病害虫調査 北信果実リンゴ部会 減農薬防除中間検討会	北信果実リンゴ部会	1月	上旬 中旬	生産部全体会議 役員会 役員会	役員会 役員会
	下旬	役員会 豊島青果へ訪問 三条青果来訪 三役会	役員会	2月	上旬 中旬 下旬	剪定講習会 北信果実専門委員会反省会 神果、豊島青果を訪問	北信果実専門委員会反省会 三役会 役員会
8月	上旬	生産部第6回病害虫調査 三役会	役員会	3月	上旬 中旬 下旬	三役会 神果来訪 役員会 三役会	三役会
	中旬	生産部第7回病害虫調査 労務担当役員会議 三役会					
	下旬	労務担当役員会議 生産部第8回病害虫調査 神果来訪	つがる目揃い会 生産履歴・防除日誌回収				

資料：両支部における、2004年度総会資料にもとづき作成。

職員、そして選果場パート作業員であり、一般部会員は参加していない。また、働きかけの対象となる相手は長年取引のある市場関係者が多く、活動が慣習化している。このような状況は両支部とも同様である。

第二には、各種講習会や目揃い会などの、部会員の意思の統一などを目的とする対内的な組織活動である。それら活動においては、営農技術員によって一般部会員に対する技術指導が行われる。技術の具体的内容については、事前に部会役員と調整が行われるが、大半の場合、普及センターなどで推奨されている基礎的な技術にとどまっている。高齢化や兼業化が進んでおり、技術の高位平準化を必ずしも目指せない状況となっている。これらは、全部会員参加が原則となっているが、上今井支部で約7割の出席率に対し、豊田支部では約3割の出席率となっている。

以上で見てきたのは、両支部に共通する活動である。表からはこれら以外にも、上今井支部においては、労務担当役員会議や生産担当役員（生産部）による病害虫調査やエコファーマー研修会など、役員を主体とする活動が行われていることが確認される。例えば、生産担当役員は、樹木更新や品種転換のため苗木を独自に生産し、部会員への配布まで行っている。また、性フェロモン剤を利用した防除技術の導入を進めるなど、環境に優しい農業を推進している。その結果、部会員が1名も漏れることなく、県からエコファーマーの認定を受けている。

また、表には示されていないが、上今井支部においては選果場への出役が、部会の重要な組織活動の一つとなっている。一方、豊田支部においては選果場への出役は行われていない。現在、豊田支部における選果場の操業は、部会役員1名、パート作業員、農協職員によって行われている。一般の部会員は選果場にリンゴをもち込むだけで、選果作業や荷づくりには携わっていない。上今井支部における選果場の操業は、部会役員3名、パート作業員、選果協力員（部会員の女性家族）、農協職員、そして一般部会員の出役によって行われている。

第4節　ソーシャルキャピタルの形成と機能発現のメカニズム

1　両支部における運営と活動の相違

　前節で見てきたように、豊田支部に比べて上今井支部の方が活発な協同を展開している。共販率は前者が40％であるのに対し、後者は70％となっている。また、上位規格の出荷商品の割合も後者の方が高かった。さらに、総会や各種講習会への出席率も同様の傾向を示していた。このような相違をもたらしている要因を組織運営および組織活動における相違に求めるならば、以下の二点にまとめられる。

　第一には、部会員間の交流機会の存在である。両支部とも班が設置されており、班を通じて情報伝達が行われている。しかし、班を横断するコミュニケーションの機会において相違が見られる。上今井支部の場合、共選所への出役、エコファーマー認定を受けるための会議や研修などが、その機会に該当する。それらの機会はともに、普段交流の少ない部会員に対して直接的なコミュニケーションの場をつくり出している。一方、豊田支部では、共選所作業がすべてパート作業員によって行われるなどこのような機会がない。

　第二には、役員体制の相違である。上今井支部では、役員の職能が細かく決められており、責任の所在が分かりやすい。しかし仕事量が多く、役員は経営規模の縮小を強いられている。現在、1年あたり、部会長40万円、副部会長20万円、出荷部長15万円、その他の役員には10万円の報酬が支払われているが、部会長や生産担当役員によれば、縮小分を補償する水準にはないとのことである。一方、豊田支部では現在1年あたり、部会長30万円、副部会長20万円、その他の役員には5万円の報酬が支払われている。各役員は、役員会における意思決定など重要な役割を負っているが、その職能は細分化されておらず、部会長や農協職員に業務が集中しがちである。軽々な判断は慎まねばならないが、上今井支部役員はより献身的に部会運営に従事しているといえよう。

　では、これらの点をソーシャルキャピタルの形成と機能発現という観点から、次項以下で考察しよう。

2 ソーシャルキャピタルの形成メカニズム

　ソーシャルキャピタルの形成に寄与していると考えられるのは、共選所への出役、エコファーマー認定を受けるための会議や研修など、部会員間の交流機会である。それらはヒューマン・モーメント、すなわちひとびとが同じ場所に集い、かつ互いに注意や関心を向けている状況をつくりだしている[13]。上述の交流機会において、部会員は時間と場所を共有しており、直接的なコミュニケーションが行われている。さらに、互いに注意や関心を向け合う機会となっている点に着目する必要がある。

　例えば、共選所への出役は、等階級の格づけという目的のために行われており、そこで実際の作業に関わることは、商品の品質に関する意識の統一につながっている。また、互いに規格外のリンゴや下位品質のリンゴを持ち込んでいないことを確認する機会ともなっている。一方、エコファーマーの認定を受けるための会議や研修においては、認定の要件となる新技術の導入・統一のための取り組みについて、部会員間で話し合いが行われている。高齢化や兼業化が進み部会員の意識がバラバラになりがちな中で、環境にやさしい農業の実践という観点から、部会員の営農意欲の高揚や意識の統一が進められている。そして認定後、部会全体が共通の技術を実践していることは、部会員間の一体感や帰属感の高揚につながっていると考えられる。

　このように上今井支部においては、ヒューマン・モーメントの機会が存在し、それがソーシャルキャピタルの形成を促していると考えられる。他方、豊田支部にはこのような機会が存在しない。もちろん、交流の機会がまったく存在しないわけではない。例えば、総会や講習会などでは、部会員は時間と場所を共有している。ただ、議論や活動の内容は慣習化しており、部会員は受動的な姿勢で参加している。また、班を通じて情報伝達が行われているが、情報の流れは、役員会などでの決定が班長を通じて班員にもたらされるという一方向的なものにとどまっており、情報伝達の経路にすぎない。つまり、それらは互いに注意や関心を向け合う機会とはなっていない。

　ただし、班のような居住地区にもとづく小組織やそこでの地縁にもとづくネットワークは、今後、部会員間の協力関係や共通の行動を導く上で重要性が高

まると考えられる。なぜなら、ソーシャルキャピタル研究においてひとびとの行動の共通性は、似通った価値観や態度→ネットワーク→共通の行動という順序で起こるのではなく、ひとびとの近接性→ネットワーク→情報の共有→共通の行動という順序で起こるとされているからである[14]。ここまで述べてきたヒューマン・モーメントとしての交流機会も、人々の近接性（具体的な接触の機会）を意図的につくり出すものだったといえる。ただ、そのような意図的な場を構築することには一定の限界があろう。そこで、近接性が恒常的に存在する班のような組織が、単なる情報伝達経路にとどまらず、協力関係や共通の行動を導くための仕組みとして検討されるべきである。

　この点について、上今井支部において現在検討されている今後の生産担当役員のあり方が注目される。そこでは、生産担当役員を増やすとともに支部内をいくつかの地区に区分けして、同役員を地区別に配置することが検討されている。そして、地区別の生産担当役員が積極的に各農家への巡回を行い、農家が抱える生産面の問題は、担当役員に聞けば解決できる体制を目指すとしている。このような役員体制は、生産担当役員間で十分な情報共有がなされるならば、地区という近接性から部会員全体の共通意識、そして協力的な行動を引き出すことを可能とするだろう。

　以上で見てきたように、ソーシャルキャピタルの形成には部会員間の交流機会が不可欠である。しかし、それら機会の慣習化が進み、また、情報の伝達が一方向的に行われるなど部会員が受動的にしか関わらないのならば、そこで形成されるネットワークは形式的なものにすぎない。共選所への出役、エコファーマーの認定、役員による農家巡回などのように、互いの注意や共通の関心を喚起するような仕組みが、交流の機会に組み込まれなければならない。このような仕組みが加わることによって、協力関係や共通の行動の基盤となる機能的なネットワークが構築されることとなろう。

3　ソーシャルキャピタルの機能発現メカニズム

　機能的なネットワークから、高い共販率、高品質商品の部会への出荷、講習会への積極的な参加など、部会員の実際の協力的な行動を導くきっかけをつく

りだしているのは、部会役員と考えられる。両支部とも部会役員が、共販や講習会などに対する協力的な行動を部会員に対して呼びかけている。その際、上今井支部の部会員の方が、役員の呼びかけに積極的に応えている。この相違をもたらしているのは、役員の献身的な姿勢にあると考えられる。

　上今井支部の役員は、経営縮小分を十分に補償する報酬のない中で、部会の業務へ従事している。それは、事業や活動の遂行に不可欠なものであり、その恩恵を受けるのは一般部会員である。役員の献身的な姿勢には、一般部会員に対する奉仕としての側面があるといえよう。一般部会員は、このような奉仕を受けているからこそ、役員の呼びかけに対して協力的な姿勢で応じていると考えられる。つまり、役員の献身的な姿勢が、部会員の協力的な行動を引き出す駆動力になっていると考えられる。

　他方、豊田支部においては部会長や農協職員に業務が集中しており、役員による呼びかけは、一般部会員にとって説得力の弱いものとなっている。このことは、部会長のようなトップだけでは駆動力となりえないこと、また、農協職員も同様に駆動力とはなりえないことを示唆している。特に、後者の点が注目される。上今井支部のように部会役員が運営を主導している部会では活発な協同が展開され、農協職員が運営を主導している部会では協同が沈滞しているという事例が、少なからず散見されるからである。

　これは、部会員と農協職員が、利害の異なる主体であることに起因すると考えられる。部会担当職員の使命は、部会における協同を維持・発展させることであろう。しかし部会員にとって協同は、自身の農業経営の維持・発展のための手段である。部会員の農業経営が発展しても、部会における協同の発展をともなうものでなければ、農協という経営体において職員は必ずしも評価されないだろう。また、部会員と職員では意思決定の意味も異なる。部会運営に関する意思決定、例えば、販売単価に直結する選果強度の決定は部会員の収入に直結する。その決定を部会役員が行うことは、自らの収入の多寡を決定することにほかならない。しかしその決定は、農協職員の収入には直結しない。つまり、農協職員が部会運営において意思決定を行うことは、直接的には自分の利害に関係しない意思決定、他人事に関する決定にならざるをえない[15]。このように、

部会員と農協職員の利害関係は直接的には重ならない。そのため、部会員の共感を呼びにくく、反発を招きやすいと考えられる。

以上から、部会の協同を促進するには、部会役員が部会運営を主導することが不可欠と考えられる。その際、上今井支部の事例が示しているように、役員の献身的な姿勢が重要と考えられる。そのような役員を務めることへのインセンティブが働くのは、協同の沈滞によって大きな損失を被る専業農家や、長期的に部会を必要とする若手農家であろう。彼らが役員となり、さまざまな活動を進めるべきである。その結果として協同が活性化されるならば、長期的に見た役員の収支も均衡のとれたものとなろう。

第5節　むすび

本章では、以下の点を明らかにした。

第一に、既存の研究を踏まえて、ソーシャルキャピタルと部会における協同の関係性について明らかにした。情報の不完全性の拡大や協調の利益の低下に直面している今日の部会においては、協同のきわめて活発な部会と、きわめて不活発な部会という二極化が進む可能性を指摘し、現実には後者に近い部会が多いと考えられることから、ソーシャルキャピタルの必要性が高まっていることを明らかにした。

第二に、事例分析を通じて、ソーシャルキャピタルの形成メカニズムと機能の発現メカニズムを明らかにした。前者については、部会員間の交流機会が不可欠であり、その機会において、互いの注意や共通の関心を喚起するような仕組みが組み込まれるならば、部会員の間には協力関係や共通の行動の基盤となる機能的なネットワークが形成されることを指摘した。後者については、一般部会員への奉仕としての側面がある部会役員の献身的な姿勢が、部会員間の機能的なネットワークから実際の協力的な行動を引き出す駆動力となることを指摘した。また、部会員と農協職員は利害の異なる主体であり、農協職員は駆動力となりえないと考えられることから、部会役員による部会運営の主導が重要なことを指摘した[16]。

【注】

1) 白井［5］、p.1 を参照。
2) パットナム［8］、p.58 を参照。
3) パットナム［8］、pp.55〜76 を参照。
4) ベーカー［1］、pp.3〜5 を参照。
5) 山崎［7］、pp.187〜211 を参照。
6) アスレイナー［2］、pp.129〜147 を参照。
7) 大守［3］、pp.92〜110 を参照。
8) 以下の説明は、山崎［7］、pp.195〜196 を参照している。
9) このような条件が成立するゲームは、通常保証ゲームと呼ばれる。
10) $20P + 5(1-P) > 15P + 10(1-P)$ を解くと $P > 1/2$ となる。
11) $30P + 5(1-P) > 15P + 10(1-P)$ を解くと $P > 1/4$ となる。
12) 旧豊田村における園芸組合の再編経過については、小松［4］、pp.65〜96 を参照している。
13) ベーカー［1］、pp.205〜209 を参照。なお、同書において、ヒューマン・モーメントは「人間的なコンタクトの瞬間」として訳されている。
14) ベーカー［1］、pp.253〜261 を参照。
15) 他人事の決定という考え方は、守田［6］、pp.7〜19 を参照。
16) 第1節で述べたように、本章では人間関係的信頼をソーシャルキャピタルとして捉えることとした。ここで、それら概念の整合性を確認しておく。第2節において指摘したように、ソーシャルキャピタルとは「社会的信頼」のことを指し、情報の不完全性が存在する状況においてその機能が求められる。また、事例分析を通じて明らかになったように、ヒューマン・モーメントとしての交流を通じて構築され、そこでは、互いに注意や関心を向け合うという態度が不可欠である。また、部会役員の献身的な姿勢を通じて機能が発現するものである。以上からソーシャルキャピタルは、社会的不確実性が存在する状況下において、相手の感情や態度にもとづいて形成される人間関係的信頼と、ほぼ同義と捉えることができよう。

【参考文献】

［1］ウェイン・ベーカー著・中島豊訳『ソーシャル・キャピタル』、ダイヤモンド社、2001
［2］エリック・M・アスレイナー著・西出優子訳「知識社会における信頼」宮川公男・大守隆編『ソーシャル・キャピタル』、東洋経済新報社、2004
［3］大守隆「ソーシャル・キャピタルの経済的影響」宮川公男・大守隆編『ソーシャル・キャピタル』、東洋経済新報社、2004
［4］小松泰信「リンゴ作経営の現状と課題」豊田村農協・長野県農協地域開発機構『豊田

村農協地域開発長期構想』、1987
[5] 白井厚「協同と競争」川野重任（編集委員長）『新版協同組合事典』、家の光協会、1986
[6] 守田志郎『むらがあって農協がある』、農山漁村文化協会、1994
[7] 山崎幸治「ソーシャル・キャピタルへの経済学的アプローチ」宮川公男・大守隆編『ソーシャル・キャピタル』、東洋経済新報社、2004
[8] ロバート・D・パットナム著・坂本也・山内富美訳「ひとりでボウリングをする—アメリカにおけるソーシャル・キャピタルの減退」宮川公男・大守隆編『ソーシャル・キャピタル』、東洋経済新報社、2004

第 V 章

農協生産部会における協働運営の構造と運営者の育成方策

第 1 節　はじめに

　本章の課題は、第Ⅲ章と第Ⅳ章から得られた知見を踏まえて、部会の運営のあり方と運営者としての部会員の育成方策を明らかにすることにある。その際、部会の運営において少なからぬ役割を果たしている農協職員の役割に着目し、部会員と農協職員による協働運営という観点から考察を進める。この協働運営は、部会だけにとどまらず農協運営全般に求められているものである。

　今日の農協運営は、職員主導の傾向がきわめて強い。それは、分業、専門化などの利益をもたらした反面、所有者であり、利用者であり、運営者である、という三位一体的性格に無自覚な組合員を多数生み出している。農協事業が競争力を構築するには、組合員の事業への結集が不可欠である。その結集力は、事業プロセス全般への参画から派生する、農協に対する帰属感、信頼感などによるところが大きい[1]。職員主導の運営では、そのような意識が醸成されるとは考えにくく、組合員の農協離れを招くこととなろう。

　このような状況を打破するには、組合員の主体的な参画に基づいた農協の運営体制が確立されなければならない。その確立にあたって、不可欠と考えられるのが教育である。「協同組合原則を中心軸として、その背後にある原理と哲学を理解し、それを実践に生かす方法を身につける学習の促進を根幹」とする協同組合教育は[2]、組合員に三位一体的性格の自覚化を促し、運営に対する主体的な参画を促進すると考えられる。

　とはいえ、今日のように複雑かつ高度なマネジメントが求められる環境下に

あって、事業運営のすべてを組合員が担うことは現実的ではない。専門的能力や各種機能を有する職員にも、一定の役割を果たすことが求められている。このような状況において検討されるべき運営スタイルが、組合員と職員による協働運営である。協働とは、「異質な主体の対等な協力関係にもとづき、より生産的な結果を追求すること」である[3]。農協においては、組合員と職員の協力にもとづき、より効率的かつ創造的な事業・活動が追求されなければならない。

このように農協運営の目指すべき姿を協働運営として捉えると、部会は協働実践の具体的な"場"として捉えることができる。特に、第Ⅲ章でとりあげたJAはだのいちご部とJAふくおか八女なし部会、第Ⅳ章でとりあげたJA北信州みゆき上今井支部などにおいては、部会役員を中心とする運営が展開される中で部会員の高い結集力が構築されており、先進的な協働が実践されていると考えられる。

以上を踏まえて、本章では以下の検討を行う。

第一に、農協運営の改革方向について検討し、その中での部会の位置づけを明らかにするとともに、協働運営の意義とその確立方策について予備的に考察する。第二に、上述の三部会における農協職員の役割について整理する。これらを踏まえて第三に、部会における協働運営の構造と、運営者としての部会員を育成するための方策について考察する。

第2節　農協運営の改革方向

1　運営改革の基本方向

協同組合原則の第2原則「組合員による民主的管理」では、「協同組合は、組合員が管理する民主的な組織であり、組合員は、その政策立案と意思決定に積極的に参加する。」とされている。株式会社など会社組織において、顧客や株主にこのような位置づけは与えられておらず、協同組合の競争環境を規定する重要な原則といえよう。

しかし、今日の農協において、運営者としての自覚をもつ組合員は決して多

くない。例えば、組合員によって真っ先にあげられる農協事業の不満は、「販売単価が安い」「生産資材が高い」などである。それは専ら利用者としての声であり、そのような不満を感じる事業を自分たちが運営しているという自覚が窺えない。農協は、商品やサービス購入先の一つに過ぎないのが現実であろう。そして、沈黙を保ったまま農協との関係を絶つ組合員も増えている。

　このような状況は、組合員のロイヤルティ低下として捉えることができる。なぜなら、第Ⅲ章で指摘したように、ロイヤルティは「退出（商品・サービス購入先の変更）」を遅らせ、「告発（組織に対する不満の表明）」を活発化する機能をもつからである。また、「組織（商品・サービス）に不満を感じても、組織を変えることができる」という期待がある場合、その存在が助長される。このことを踏まえれば、組合員には「農協を変えることはできない」という意識が深く刻まれているといえよう。

　その要因としては、農協において全戸加入が当然とされたこと、農政の下請的役割を果たしてきたことなど、ロイヤルティを育みにくい環境に置かれてきたことが大きいだろう。そのため農協は、無意識的組合員参加型の協同組合[4]と位置づけられることさえある。また、系統という枠組みの中で、事業の画一化や責任所在の曖昧化を招いてきたこと、経営の高度化にともなう情報の非対称性の拡大、市町村を超える広域合併なども、ロイヤルティ低下の要因と考えられる。

　農協には、農政や系統に依存しない環境創造的な事業を、組合員が「自分たちが変えた」と自覚できる仕組みの下で展開することが求められている。改革のポイントは、部会をはじめとする組合員組織の再構築であろう。組合員が自身の抱える問題やニーズに応じて、自主的に加入する組織として再構築を進めねばならない。そして、情報や権限を十分に与える必要がある。これらによって、組合員組織を具体的な"場"とする自主・自立の運営を促進することが求められる。このような改革が、今日的な運営改革の基本方向といえよう。

2　教育活動の必要性

　自主・自立の組合員組織を育成する上で、不可欠と考えられるのが教育であ

る。まず、現在の農協において展開されている教育活動について、表Ⅴ-1に示した第23回全国農協大会での教育に関する決議から、その実態を確認しよう。

同大会では、教育に関する二つの決議が行われている。一つは、「経営の健全性・高度化への取り組み強化」の中での職員教育に関する決議である。もう一つは、「協同活動の強化による組織基盤の拡充と地域の活性化」の中での組合員教育に関する決議である。

職員教育、組合員教育のいずれにおいても、教育内容には、協同組合としての理念的な教育と、経営や事業といった企業的な活動のための教育が含まれている。農協には、運動体としての側面と経営体としての側面があり、両側面への対応を目指した教育内容といえよう。

次に、教育方法について見ると、決議では資格制度や研修会などが盛んに謳

表Ⅴ-1　第23回全国農協大会における教育関連決議

大見出し	中見出し	小見出し	内容
経営の健全性・高度化への取り組み強化	活力ある職場づくりに向けた職員の意識改革	計画的な教育研修の実施	協同組合組織としての総合JAが果たす役割について、十分な理解が得られる教育を実践します。人事制度と連動し、各種試験・資格制度等の位置づけを明確にした教育研修体制を整備し、JAの経営方針にのっとった計画的な教育研修を実施します。
協同活動の強化による組織基盤の拡充と地域の活性化	組合員組織の活性化と結びつき強化	組合員教育等の展開	ア　組合員の参加意識の醸成 　組合員一人ひとりの参加が協同組合運動の基本であり、参加意識を高めるよう、組合員訪問活動や事業推進活動等を通じて、日常的にJA理念や事業活動等の理解浸透や行事への参加を促す活動を展開します。 イ　階層別研修等の実施 　組合員リーダーを重点とした研修（青年部リーダー研修・女性部リーダー研修・総代研修等）を実施するとともに、新規加入組合員を対象とした研修を実施します。 　青年部・女性部が、JAの経営状況や事業方針・事業実施内容について理解を深め、JAの運営に積極的に参加してもらうため、情報開示に向けた研修会等を開催します。また、この活動を通じ、JA運営に参画する人材育成を目指します。 　組合員や地域社会に向けて教育文化活動を展開し、JAの組織・運営への理解・浸透をはかります。

資料：JA全中「『農』と『共生』の世紀づくりをめざして―JA改革の断行―」2003より抜粋して作成。

われていることが分かる。一般的に教育方法には、研修（Off‐JT）と体験学習（OJT）があるが、このうちOff‐JTとしての教育を重視していることが窺われる。特に職員教育については、OJTとしての教育に関する記述がまったく見当たらない。しかし、農業・農村の実態を知らない職員が増えていることを考えれば、OJTとしての教育も今日の職員教育に不可欠なものといえよう。

　他方、組合員教育については、表の「ア　組合員の参加意識の醸成」の中において、OJTとしての教育を意識した記述が見られる。ただし、その目的が「JA理念や事業活動等の理解浸透や行事への参加を促す」ことに置かれており、組合員のための組合員教育というより、農協のための組合員教育という観が否めない。それは、「イ　階層別研修等の実施」においてより強く感じられる。では、今日の組合員教育の目的は、どのような点に置かれるべきであろうか。

　小松[2]は、組合員教育の必要性について、「資本主義は人類の歴史が無意識に生んだ作品としては、最高の作品」（吉本隆明『大情況論』弓立社、1992）との指摘になぞらえて、「協同組合は、きわめて目的意識的な過程を経て今日を迎えている。これからも、その意識を持続させない限り、無意識の産物に駆逐されることは想像に難くない。意識を持続させるために取り組まれなければならないのが、組合員教育である。」と述べている[5]。

　今日、自由と競争を基調とする社会への志向性は、著しく高まっている。そして、現代は「ばらける」時代[6]とさえいわれるように、組合員は組織を離れ、個人で行動しようとする性向をもっている。このような社会的時勢に際して、農協の成員が会社組織とは異なる原理をもつこと、協同の意義や成果などを持続的に意識できないのであれば、小松が指摘するような事態を招くことは当然のことといえよう。

　意識を持続させるために求められる教育とは、運営者を育成するための教育ではなかろうか。従来の組合員教育は、営農指導、指導金融、指導購買といったように、利用者を対象とした教育が中心とされてきた。また、職員教育も企業的経営のノウハウを学ぶための教育に偏り、組合員を顧客として捉える傾向を強めてきたと考えられる。

　運営者を育成するための教育が充実している農協は、組合員の農協に対する

結集が高い。例えば、第Ⅲ章で事例としたJAはだのでは、17年かけて3億5千万円の教育基金を積み立て、継続的な教育活動を可能とする体制を整備している。同農協の専修講座では、農協経営の仕組み、協同を広めた先人の思想などについて、組合長を講師とする講義も行われている。軽々な判断はできないが、今日なおJAはだのにおいて組合員数が増加していることと、決して無関係ではないだろう。

ここで述べたJAはだのの専修講座は、Off‐JTに該当する。それは、普段見落としていたさまざまな発見や新たな取り組みの契機になると考えられ、農協が力を注がねばならない活動である。ただ、頻繁に開催することは難しく、Off‐JTのみで運営者を育成することには限界があろう。

そこで求められるのが、OJTとしての教育である。OJTは、日常的かつ体験をともなうものであるため、組合員の意識に対して継続的かつ深く働きかけると考えられる。農協の事業・活動は、単なる事業・活動ではなく、組合員の意識に働きかけ、運営者を育成するものでなければならない。そのような"場"づくり、さまざまな仕組みの整備が、農協には求められている。

3　協働運営の意義

ここまで見てきたように、農協の運営主体は組合員であり、運営者としての組合員を育成する教育が不可欠である。このことを踏まえた上で、組合員と職員の構築すべき関係が協働であり、そのような両者の関係の下で展開される運営が、協働運営である。

協働とは、近年の自治体行政において注目されている概念である。その目的は、「行政と住民、NPOなどが協力し、各々が単独ではなしえない質の高いサービス供給を実現する中で、住民の自治能力を構築し、住民自治領域を拡大していくこと」とされている[7]。農協においても、組合員と職員が協力し、質の高い事業・活動を実現する中で、組合員自治を追求していかねばならない。

協働について、現在のところ統一した定義はなされていない。協働に関する研究や事例を整理した江藤によれば[8]、協力する主体間の「異質性」を強調する場合は「コラボレーション」、協力する主体間の「対等性」を強調する場合は

「パートナーシップ」、さまざまな主体の協力によって生み出される「生産的な結果」を強調する場合は「コプロダクション」として、協働は用いられてきた。いずれの場合も、協働は主体間の協力関係を意味しているが、強調される部分が異なっている。本章では、「異質性」、「対等性」、「生産的な結果」の三つの意味を包含した、「異質な主体の対等な協力関係に基づき、より生産的な結果を追求すること」として、協働を定義する。

組合員と職員は、異質な主体である。組合員は、農業経営から所得を得ているのに対し、職員は農協から所得を得ている。両者の利害は、必ずしも一致していない。また、組合員は農業経営者としてキャリアを形成し、職員は農協という職場においてキャリアを形成している。その過程で構築されたノウハウ、人脈、情報などの異質性は、決して小さくないだろう。これらの異質性は、両者が協力関係を構築した時、重要な意味をもつ。利害が一致していないために、両者は本音を語りやすいと考えられる。また、ノウハウ、人脈、情報など、経営資源として不可欠な要素が、多様化・豊富化することとなる。

この異質性が生かされるためには、ややもすれば見られがちな、組合員の安易な職員依存、農協の下請けとしての組合員、といった両者の関係が見直されねばならない。組合員と職員は、互いの立場を理解・尊重し、目標を共有する必要がある。その上で、組合員組織という"場"において、意見や情報を出し合い、ともに検討し、各々にしかできない責務を遂行することが求められる。この意味において、両者は対等である。

以上のような両者の関係が構築されることにより、各々が単独では実現できない効率的かつ創造的な事業・活動が展開されることとなろう。

第3節　部会における職員の役割

本節では、次節の考察に備えて、第Ⅲ章と第Ⅳ章の事例分析においては十分に検討できなかった、部会における農協職員の役割を整理しておく。

1 事例部会の職員体制と事務局機能

　まず、事例とした三部会の職員体制を確認する。現在、JAはだのいちご部では、営農指導員1名、JA北信州みゆき上今井支部では、営農指導員1名と販売担当職員1名、JAふくおか八女なし部会では、営農指導員2名と販売担当職員1名が、それぞれ部会担当職員となっている。販売金額や部会員数といった部会の組織規模を反映して、担当職員数は異なっている。

　職員の担当範囲を見ると、いちご部の営農指導員は他の野菜関連部会も担当している。上今井支部の職員2名は、当該部会のみの担当となっている。なし部会の職員の場合は、営農指導員2名は当該部会のみの担当となっているが、販売担当職員は選果場別の配置となっており、なし部会以外に二つの部会も担当している。ただし、それら二部会の販売金額は大きくない。

　三部会の営農指導員は、いずれも部会の事務局を担っている。その機能は、対外的なものと対内的なものに分けられる。

　対外的な機能とは、生産資材メーカーの売り込みや販売先からのクレームに対する対応など、組織外部から寄せられる情報の受け付け、取次ぎ機能のことである。営農指導員は、外部からの情報を部会につなぐ、結節点としての役割を果たしているといえよう。

　対内的な機能とは、部会が主催する各種の講習会や会議に関する場所の設定や部会員への連絡、そこで必要とされる資料の作成、会議の内容の記録や整理といった機能のことである。営農指導員は、部会内部における情報の蓄積と共有のために重要な役割を果たしているといえよう。

　これら事務局機能の中身は、三部会の営農指導員いずれも同様である。ヒアリングによれば、部会員への具体的な技術指導などよりも、事務局としての仕事量がかなり多いとのことである。決して創造的な業務とはいえないが、部会運営を円滑化し、部会の一体性を保つために不可欠な機能を、営農指導員は担っているといえよう。

2 意思決定における職員の役割

　農協職員の役割は、事務局機能だけにとどまらず、その他にもさまざまな重

要なものがある。ここでは、部会の意思決定における機能を見ていく。

その機能の一つとしてあげられるのが、専門的知識の補助機能である。部会の意思決定は、役員会や三役会など部会役員によって行われている。そこでの会議には、事務局の営農指導員は必ず参加しており、販売担当職員も必要に応じて参加している。共同購入する生産資材の種類、技術指導の具体的中身、販売の基本方針などの決定において、職員は専門的見地から助言している。この機能は、三部会とも同様である。ただし、役員に選ばれるような部会員は専門的知識も豊富であり、必ずしも十分な機能とはなっていない。より重要な機能と考えられるのは、意思決定の円滑化機能である。

営農指導員は事務局として、役員会での内容の記録、必要とされる資料の作成などの役割を担っている。意思決定の場における情報整理の役割を、職員は果たしている。また、部会員と役員、役員と役員の間における情報調整の役割を果たすことにより、意思決定の円滑化に寄与している。

ヒアリングによれば、一般部会員の不満や意見は営農指導員に寄せられる場合が多い。営農指導員は、そのすべてを役員に伝えるのではなく、軽微な問題や部会員に思い違いなどがある場合には、部会員に十分な説明を行うことによってその場で解決している。このような部会員と役員の間の情報調整は、三部会いずれにおいても見られる。一方、役員と役員の間の情報調整は、特になし部会において見られる。第Ⅲ章で指摘したように、同部会の営農指導員は、三役会と運営委員会の議題設定の配分調整や、三役と支部役員の意見調整などを行っている。このような役割が必要とされるのは、三役が各支部の実情を把握できていないことや、支部間での利害の対立が大きいことにあった。大型部会においては、役員と役員の間における情報調整が、職員の重要な役割になると考えられる。

以上のような情報調整の役割を職員が担うことにより、役員会での意思決定が後に一般部会員から問題とされ、再度同様の問題で意思決定をしなくてはならないような事態が回避されている。意思決定の効率化の上で、営農指導員は不可欠な存在といえよう。

3 事業・活動における職員の役割

次に、今述べた意思決定の下で展開される実際の事業・活動における職員の役割について、生産技術、選果場の操業、販売の三側面から見ていく。

まず、生産技術に関する事業・活動について見ると、そこでの主な役割としてあげられるのが、営農指導員による栽培管理指導である。日常的に部会員から寄せられる栽培管理に関する相談に応えることはもちろん、講習会では模範的に実技を示している。講習会の前に営農指導員は、なし部会においては生産委員会と、上今井支部においては生産担当役員と十分な協議を行っており、その協議において部会として統一を目指す栽培技術の水準が決定されている。現在、なし部会では年6回、上今井支部では年4回の講習会が開催されており、それらの機会を通じて栽培技術の周知徹底が図られている。なお、いちご部においても年2回栽培管理講習会が開催されているが、そこで具体的な指導を行うのは普及センターである。日常的に寄せられる相談についても、軽微な問題を除けば普及センターに解決を依頼している。生産面におけるいちご部営農指導員の役割は、部会員と普及センターの連絡調整が中心となっている。

次に、選果場の操業について見ると、なし部会と上今井支部では、販売担当職員が選果ラインの管理者として位置づけられているとともに、ライン上のさまざまな業務に携わっている。上今井支部の場合、営農指導員も荷が多いときはラインスタッフとして作業に加わっている。また、両部会の営農指導員は、出荷商品の目合わせ会における技術指導、パート作業員に対する選果作業の目合わせ指導などを行っている。それらは、選果作業が効率的かつ正確に行われるために不可欠な作業であり、重要な役割といえよう。なお、いちご部においては、ここで述べた作業すべてを部員自らが担っている。

最後に、販売業務に関する職員の役割について見ていく。なし部会と上今井支部においては、出荷先の決定、出荷先別の数量と品質の決定、輸送業者の手配など出荷期間中の販売実務を、販売担当職員がすべて担っている。部会員の所得に直結する業務であることはいうまでもなく、その責任は重いものといえよう。もちろん、販売の基本方針は役員会などで決定されており、販売担当職員はその方針の下で実務を担っている。また、出荷期間中、なし部会において

は、販売担当職員と三役が頻繁に協議を行っており、上今井支部においては、選果場への荷の持ち込みを終えた部会長が毎日残ることとなっているなど、役員と相談しながら販売を進める体制が整備されている。一方、いちご部においては、このような販売実務を班長が担っており、農協職員は関与していない。

　ここで述べてきたのは、市場流通における職員の役割である。今日、流通の多様化が進んでおり、三部会においても直販ルートの開拓が模索されている。すでに、上今井支部の販売担当職員やいちご部の営農指導員は、外部への積極的な営業活動を展開しており、いくつかの直販ルートを開拓している。一方、なし部会の場合、販売担当職員は営業活動を行っていない。それは、JAふくおか八女において直販課が設置され、同課が、作目を横断する直販専門部署として機能しているからである。現在なし部会では、販売金額の約10％が同課を通じた出荷となっている。なお、これら直販に関する出荷期間中の販売実務は、三部会とも市場流通と同様の仕組みで行われている。

第4節　協働運営の構造と運営者の育成方策

1　協働運営の構造
　　　——情報的相互作用と心理的相互作用にもとづく帰属意識の高揚——

　以上、三部会における職員の役割を見てきた。図Ⅴ－1は、第Ⅲ章と第Ⅳ章の事例分析、および、本章前節までの分析から得られた知見をもとに、部会の意思決定が部会員に浸透し、高い共販率や高品質商品の出荷など、部会に対する部会員の協力的な行動を引き出すまでのプロセスを図式化したものである[9]。このようなプロセスの中で、部会においてはより効率的かつ創造的な事業・活動が追求されている。すなわち、図に示した部会員、部会役員、職員の役割は、協働運営の具体的な構造を示している。以下、その中身を見ていこう。

　部会の最高意思決定機関は、事例とした三部会とも全部会員が参加する総会であった。しかし、活発な議論は行われておらず、事前に開かれる役員会などでの協議が、事実上の承認の場となっていた。この役員会は、総会での決議を

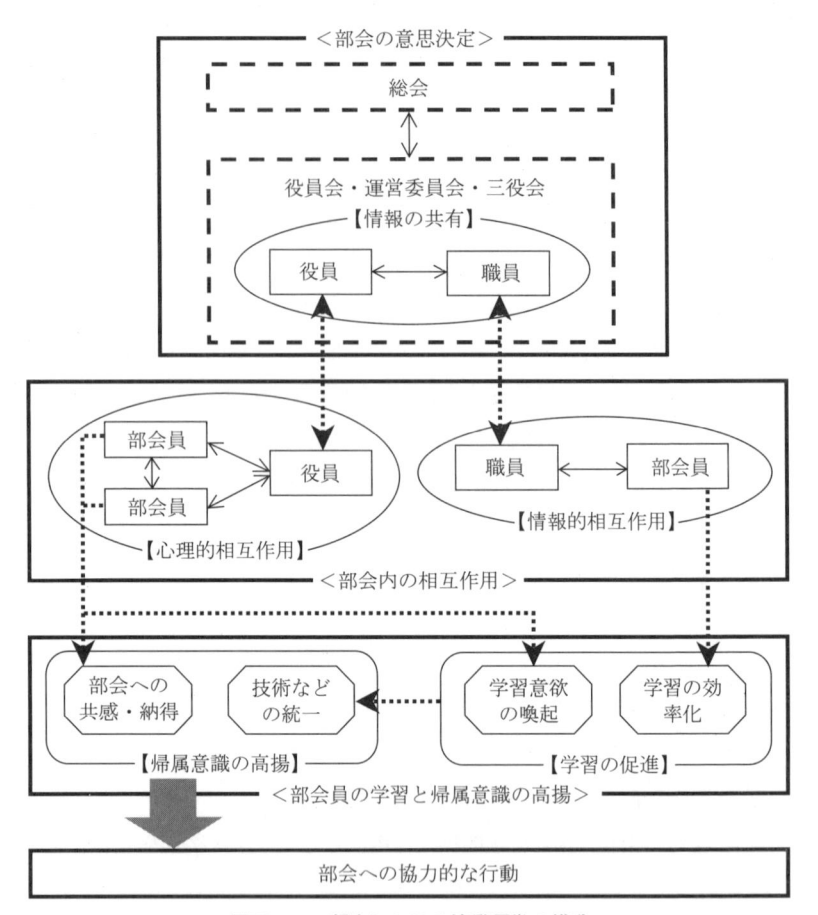

図Ⅴ-1　部会における協働運営の構造

踏まえて、より具体的かつ日常的な意思決定を行っている。部会の意思決定は、ほぼ全面的に役員が行っているといえよう。ただ、役員会などの場には営農指導員が事務局として参加しており、意思決定をサポートしていた。役員と職員は接する機会が多く、情報が十分に共有されている。そして、両者は異なる役割を果たしながら、直接的あるいは間接的に部会員の帰属意識に働きかけ、部会員の協力的な行動を引き出している。

まず、情報的相互作用、すなわち、部会として統一を目指す技術や決まりに関する情報を、部会員に浸透させているのが職員である。技術や決まりが浸透

第Ⅴ章 農協生産部会における協働運営の構造と運営者の育成方策 133

するには、それらを受け入れる部会員の学習が不可欠である。職員は部会員と接する中で、彼らの効率的な学習を促している。例えば、営農指導員は、栽培講習会での実技指導、目合わせ会での収穫適熟果の指導などにおいて、実際に模範を示している。その模範内容は、事前に役員と協議されたものであるが、役員の決定事項をただ部会員に流しているわけではない。流すべき情報を選択・加工し、部会員の実状に応じて分かりやすく伝えている。また、営農指導員は部会員との対話の中で指導している。部会員の疑問や不満に対し、技術や決まりを必要とする背景・理由などを説明し、部会員の深い理解を促している。これら情報の選択・加工、対話などにより、部会員の学習は効率的に行われていると考えられる。

　次に、心理的相互作用、すなわち、部会に対する共感・納得、学習意欲の喚起など、部会員の心理的な側面に大きな影響を与えているのが役員である。役員が部会員の部会に対する共感・納得を生み出すことは、JA北信州みゆき上今井支部の事例が典型的に示している。同支部役員は、自己の経営の縮小を強いられ、十分な補償がない中で部会運営に従事していた。その献身的な姿勢は、役員の意思決定に対する部会員の納得を生み出していると考えられる。また、同支部の生産担当役員が中心となって研修や会議を重ねた結果、部会員はエコファーマーの認定を受けていた。その過程での苦労や努力、そして達成感は、部会への強い共感を生み出しているといえよう。

　部会員の学習意欲を役員が喚起することについては、例えば、JAふくおか八女なし部会における生産委員の役割があげられる。同役員らは、新資材などの試験研究を自らのナシ園を供試して行い、その成果を部会に取り入れていた。県農業試験場などでの研究成果ではなく、同じ地域で営農を営む生産者が示した成果であるため、部会員にとって身近なもの、自身の受け入れ可能なものとして認識され、学習意欲を喚起しやすいと考えられる。

　ところで、部会への共感・納得、学習意欲の喚起は、部会員間の心理的相互作用によっても生み出されている。その典型が、選果場への出役である。出役によって、部会員は持ち込まれた農産物の商品化プロセスに携わり、また、互いに決まりを遵守した上で農産物を持ち込んでいることを確認している。それ

は、部会への共感・納得に少なからず影響を与えていよう。また、自らの生産技術を確認する場ともなっており、他の部会員に対する競争意識が刺激され、学習意欲が喚起されていると考えられる。

職員と部会員の情報的相互作用による学習の効率化、部会員と役員あるいは部会員間の心理的相互作用による学習意欲の喚起、これらによって部会員の強い学習が促進され、その結果技術や決まりが部会員に浸透し、部会として統一されていると考えられる。このことは、部会への共感・納得と相俟って部会員の帰属意識を高めることとなり、部会員の協力的な行動を引き出していると考えられる。

以上に示した協働運営の構造において、特に重要な点は、情報的相互作用は部会員と職員の間で起こりやすいこと、心理的相互作用は部会員と役員あるいは部会員間で起こりやすいことである。前者については、職員のもつ二つの特性が大きいと考えられる。一つには、役員と部会員、両方の実情を把握していることである。もう一つには、部会員との対話を生み出しやすいことである。この点について、三事例いずれにおいても、「部会員の不満は、役員より職員に寄せられる」、「部会員は役員に本音を語らない」といった声が聞かれた。この理由としては、役員も部会員の一人であり同じ共販を行う仲間であること、利害が共通していることなどが考えられる。そのため、相対的に職員の方が、部会員との対話を生み出しやすいと考えられる。他方、このこととは対照的に、後者の心理的相互作用は、共販を行う仲間であり利害が共通しているからこそ役員と部会員あるいは部会員間において起こりやすく、職員が部会員に与えられる心理的影響は相対的に小さいと考えられる。

このように、情報を共有している役員と職員が異なる側面から部会員に働きかけ、部会員の協力的な行動を引き出している。ところで、ここまでの考察は、部会の意思決定がいかに部会員に浸透するかという、いわゆる上から下への視点からのものだった。これとは逆に、二つの相互作用の中で、部会員が役員や職員に影響を与え、それが部会の意思決定にフィードバックされることも十分考えられる。このフィードバックよって、事業・活動はより効率的かつ創造的なものへと改善されるとともに、部会員のさらなる協力的な行動が引き出され

ることとなろう。

2 運営者の育成方策 —— 意思決定の場づくりと職員の役割 ——

　第2節で述べたように、農協の事業・活動は、運営者としての組合員を育成するものでなければならない。この視点から、ここでは三部会の事例を考察し、運営者の育成方策をまとめよう。

　運営者としての部会員を育成するには、第一に、部会員が部会の意思決定を実際に行うことが重要であろう。第二に、そのような意思決定を行う場が、運営者としての能力の向上、責任意識の醸成などを促す環境に置かれていることも重要と考えられる。この二つが相俟って、運営者は育成されることとなろう。このことを事例分析と照らし合わせるならば、三事例においては、役員会や三役会、事業・活動の実施段階、部会内の小組織、という三つの運営者を育成する場があるものと考えられる。

　第一に、役員会や三役会についてである。それら機関では、役員が部会運営に関する意思決定を行っており、運営者を育成する上で最も重要な場と考えられる。それら機関を構成する役員が改選を重ね、部会役員でありつづけることは好ましくない。なぜなら、役員にはさまざまな情報が集中すると考えられ、部会員間の情報の非対称性が拡大し、役員に対するチェック機能が働かなくなることが想定されるからである。部会役員は、広く多様な部会員が担うべきである。

　部会役員が責任意識を育むには、上今井支部役員のように職能を細分化し、責任範囲を明確にすることが一つの方法であろう。あるいは、なし部会の支部役員が、支部部会員の利害の代弁者として重要な役割を担っていたように、選出単位を密接な利害関係者によって構成することも、責任意識を強めると考えられる。また、ここにあげた両役員には、部会員にとって顔の見えやすい役員であること、部会員から仕事ぶりをチェックされやすい、という共通性がある。このことは、役員に緊張感をもたらすとともに、運営者としての自覚を促進し、運営者能力を高めるものと考えられる。役員の運営者能力の向上には、部会員によるチェック機能が重要である。

第二に、事業・活動の実施段階についてである。その例としては、いちご部の班があげられる。班の構成員は役職が決められており、選果場の操業管理に関する責任を分担して受けもっていた。トラブルが発生した時には、各班員に問題解決のための意思決定が求められる。このような問題解決型の意思決定を経験することは、運営者としての能力の向上に寄与するだろう。部会の事業・活動には、さまざまなものがある。その実施段階において、単に労働力としての参加を部会員に求めるのではなく、部会員に責任を分担し、問題解決型の意思決定の場づくりを実現することができるのならば、部会における運営者を育成する場は無数に広がることとなろう。

　第三に、部会内の小組織についてである。その例としては、なし部会青年部があげられる。ここで、青年部の実態について述べておこう。青年部は、後継者の育成、部会の活性化を目的として設置されている。現在、15名が所属しており、平均年齢は約30歳となっている。部員となるには、管内のなし生産農家で、40歳以下でなければならない。また、部の活動費として年2万円納める必要がある。青年部には、部長、副部長、会計の三役がおり、選挙で選出している。このうち、部長と副部長はなし部会の役員も務めることとなっている。

　主な活動は、月1回の定例会、試験研究活動、販促活動である。定例会では、各月に必要な栽培管理作業の確認や改善方法などが討議される。また、部員は作業日誌を三役に提出しなければならない。その目的は、経営管理の基礎となる作業日誌への記帳を部員の習慣とすることである。試験研究活動は、新資材の効能を調査することを目的に、部員が分担して行っている。青年部では、全部員がなしをもちより、互いに点数をつけている。その点数が低い部員に試験研究が割り当てられている。部員間の競争意識や、学ぶ姿勢を重視しているといえよう。

　青年部の役員は、同部の運営を通じて組織の舵取りを実践的に学んでいる。また、彼らは部会役員も務めており、部会の意思決定に参加することが保証されている。つまり、青年部が独自に行っている試験研究活動の成果を、部会の意思決定の場に伝える機会が保証されている。このことは、青年部内での学習を促進するとともに、同部の役員に対し、運営者としての責任意識を強く自覚

させていると考えられる。部会内の小組織は、青年部のような属性別組織だけでなく、特定の分野に焦点を絞った活動別組織なども考えられる。その意見や成果が部会運営に取り入れられる仕組みが構築されるのならば、それら小組織は、運営者育成の重要な場として機能することとなろう。

　以上を踏まえて、最後に、運営者を育成するために職員に求められる役割を検討する。運営者を育成するには、部会員が部会の意思決定を実際に行うことが重要である。職員には、それらの機会において部会員が安易に職員に依存しないように、部会員にできることは部会員に任す、という姿勢の徹底が求められる。その反面、それぞれの場における運営者と頻繁に接し、彼らが実践している運営ノウハウを、職員が蓄積しておくことが求められる。例えば、役員の改選によって運営の継続性が損なわれ、運営能力が著しく低下する事態は十分想定される。そのような時に、職員は蓄積していた運営ノウハウを伝え、意思決定をサポートすることが求められる。部会運営が安定的に継続されるには、このような職員の役割が不可欠であろう。

第5節　むすび

　本章では、以下の点を明らかにした。
　第一に、農協運営の改革方向について検討し、改革の基本方向は自主・自立の組合員組織の育成にあること、また、その育成には利用者ではなく運営者を対象とした教育が不可欠なこと、そして、組合員が運営者であることを前提として組合員と職員の構築すべき関係が協働であり、協働によってより効率的かつ創造的な事業・活動が展開される可能性を指摘した。
　第二に、JAはだのいちご部、JA北信州みゆき上今井支部、JAふくおか八女なし部会における職員の役割を整理した。三部会とも、営農指導員が事務局機能を担っており、部会運営の円滑化や組織としての一体性を高めるために重要な役割を果たしていること、また、専門的知識の補助や情報の調整を通じて、部会の意思決定の円滑化に寄与していることなどを明らかにした。

そして第三に、協働運営の構造と運営者としての部会員を育成するための課題について考察した。協働運営の構造については、情報を共有している役員と職員が、それぞれの特性に応じて部会員に働きかけることにより、部会員の帰属意識が高まり、彼らの部会に対する協力的な行動が引き出されることを明らかにした。また、運営者としての部会員を育成する具体的な場として、役員会や三役会、事業・活動の実施段階、部会内の小組織をとりあげた。そして、それら機会における、運営者としての能力の向上、責任意識の醸成などを促進するための仕組みについて、事例を踏まえて明らかにした。

協働運営による効率的かつ創造的な事業・活動の展開、運営者としての部会員の育成、これら二つが実現されることによって、部会は組織として安定的に発展することが可能となろう。

【注】
1) 増田 [8]、pp.79～82 を参照。
2) 藤沢 [7]、p.378 を参照。
3) このように定義する理由については、本章第2節を参照。
4) このような指摘は、根立 [6]、p.4 において行われている。
5) 小松 [2]、p.17 を参照。
6) 田代 [4]、p.92 を参照。
7) 財団法人滋賀総合研究所 [3]、p.2 を参照。
8) 江藤 [1]、pp.216～227 を参照。
9) この図に示した情報的相互作用、心理的相互作用などの考え方は、張 [5]、pp.202～240 を参照。

【参考文献】
[1] 江藤俊昭「地域事業の決定・実施をめぐる協働のための条件整備」人見剛・辻山幸宣編『協働型の制度づくりと政策形成　第2巻』、ぎょうせい、2000
[2] 小松泰信「JAの倫理と組合員教育」『協同』、兵庫県農業協同組合中央会、2003（9月号）
[3] 財団法人滋賀総合研究所『NPOと行政等とのパートナーシップのあり方』、2001
[4] 田代洋一「JAの組織基盤、組織理念をどう再構築するか」『農業と経済』、第68巻第5

号、2002
[5] 張バーバラ雪心「ヒューマンソフトウェア技術の国際移転」伊丹敬之・軽部大編『見えざる資産の戦略と論理』、日本経済新聞社、2004
[6] 根立昭春「参加型民主主義と協同組合」『協同組合研究』、第19巻第1号、1999
[7] 藤沢宏光『協同組合運動論』、家の光協会、1969
[8] 増田佳昭「協同組合の事業的特質と事業論研究の課題」山本修・武内哲夫・亀谷昰・藤谷築次編『農協運動の現代的課題』、全国協同出版、1992

第Ⅵ章

農協生産部会における法人化の意義と農協事業改革の課題

第1節　はじめに

　前章までにおいて、部会の統治、運営、事業・活動のあり方の解明を進めてきた。それらの実践によって、第Ⅰ章で指摘した部会の機能型組織としての性格は、一定の強化がなされると考えられる。ただし、「閉ざされた関係からの解放者」としての信頼、特に一般的信頼にもとづいて、系統共販、市場流通という固定的な枠組みから脱却し、外部の利益機会を積極的に活用しない限り、その発展は限定的なものとなろう。部会が外部の利益機会を積極的に活用するには、農協との関係性を見直すことが不可欠と考えられる。

　ところで、近年の農協研究や農産物流通の研究においては、部会の法人化の必要性が強く指摘されている。この背景には、部会員の高齢化に直面する一方で先進的な農業経営の離脱を招くなど、部会の閉塞的な状況がある。部会の法人化は、従来には見られない動きだった。もちろん、部会から離脱した農業経営が、法人として独立していくことはあった。ただし、その動きは少数にとどまり、部会そのものが法人化して農協から独立していくという動きは見られなかった。その中、2005年2月、実際に法人化を選択する部会が現れた。それが、農事組合法人さんぶ野菜ネットワークである。

　同法人は現在、系統共販、市場流通という枠組みから完全に脱却して、有機栽培と契約取引にもとづくビジネスシステムを構築している。本章の課題は、同法人を事例として、部会の法人化の意義を明らかにするとともに、農協事業の改革方向を明らかにすることにある。具体的には、以下の検討を行う。

第一に、部会の法人化について論じている先行研究を概観し、法人化が必要とされる背景や目的などについて考察する。

　第二に、事例法人における、法人化に至る経緯と運営の実態を分析し、部会の法人化の意義を明らかにする。また、法人と農協の関係を分析し、両者の関係構築のあり方について考察する。

　第三に、事例分析を踏まえて、部会の法人化という動きが普遍化しうるものであるかを検討するとともに、農協事業の改革方向について考察する。農協と部会の今日的な関係のあり方を明らかにし、それを踏まえて、営農関連職員体制の改革方向について検討する。

第2節　部会の法人化に関する先行研究

1　小生産者協同組合としての部会

　部会の法人化に関する指摘は、近年になって活発化している。ただし、1989年の段階において、高橋[5]が農協全体の改革と関連づけながら、すでに部会の法人化の必要性を指摘している[1]。

　そこではまず、従来農協を支えていた集落やいえなどの諸組織が、農協の組織基盤としての役目を果たしえなくなってきており、「農協の組織的分解」が進んでいるとの認識が示される。そして、部会についても同様の傾向があるとされる。具体的には、「生産部会は地域農業の育成や産地形成のうえで、中核的役割をはたしてきた。…略…しかし産地形成が激しい産地間競争のなかでおこなわれなければならなかった過程のもとで農協の生産部会についていけない農家や、逆になまぬるいとして脱会する農家が生まれてきた。…略…生産部会が農家を営農指導や販売体制の強化という面を通じて、農協に組織化していく効果の低下をまねいている」と述べている。

　高橋は、「農協の組織的分解」が進んでいる要因を、世帯主以外にも農協の組合員ないしは利用者として成長してきているのに、彼らを吸収しうる機能を、旧来からの農協の基盤組織が構築できていないことに求めている。そして考え

られる対策は、「従来のいえ組合員制度」から「個人組合員制度」への転換であり、それにいたる過渡的形態あるいは付随する機能別組織として、小生産者協同組合の形成と、その連合体としての農協組織が考えられるとする。

　小生産者協同組合とは、「協同組合原則にしたがって、農協の組織の一つとして、従来の農業共同化で想定されてきた数名単位の組織ではなく比較的おおくの構成員からなる、農村の仕事起こしや地域の連帯を深めることを目的とする組織」であるとされる。この小生産者協同組合の一つとして部会が想定されており、「高齢化した農家の農作業手伝いや代行・農地借入による大規模経営の受け皿化など、農業生産の共同化につながる活動を広めるべき」とされる。そして具体的な組織形態として、農事組合法人や有限会社、任意組合が考えられるとされる。

　以上のように、高橋は部会の法人化の必要性を指摘している。ただし、議論の焦点は法人化そのものにはなく、「いえ」から「個人」の重視への転換や、「農業生産の共同化」といった点に置かれている。販売や購買など流通面における共同化さえ困難な今日の部会において、共同化の利益が創出されにくいと考えられる生産面の共同化は、容易でないと考えられる。また、家族経営を前提としている部会員に対して「個人」を尊重して組織化を進めていくことは、現実的ではないと考えられる。もちろん、部会員の後継者を組織化して、高齢農家の作業を代替する農作業部会のような組織の設立ならば、産地の活性化のための一つの有効な方策となろう。また、農協の組織改革の方向として、部会などの組織を機能別組織として育成し、その連合体としての農協組織を構想している点が注目される。なぜならそれは、組合員組織の育成と強化を通じた農協の分権化を示唆しており、前章において指摘したように、今日の広域合併農協においてまさに求められている改革といえよう。

2　近年の法人化議論

　次に、部会の法人化に関する近年の議論として、斎藤[4]と石田[1]をとりあげ、そこでの指摘を見ていこう。

　斎藤[4]は、今日の農協には、市場流通とは異なる新たな販売チャネルや経営

システムを構築することが求められていることを明らかにした上で、そのような改革の構成要素の一つとして、部会の法人化の必要性を指摘している。具体的には、次のように述べている[2]。「農協合併が進んで、部会といっても何百人という大規模なものが少なくないが、あまり大規模すぎては十分な機能を発揮することはできない。そこで、単純な品目別部会ではなく、できるだけ事業部制的な形で再組織して、法人化できるものは法人化していくことを提案したい。昔、旧村単位くらいで、集落を連合したような出荷組合があったが、そのような単位で選果機を置き、労働力を雇用し、ばあいによっては多少の営農指導も行う―そのような、一つのパッケージされたシステムをそこに埋め込んで、将来、これを法人化にもちこめないかと思うのである」。さらに、農協がこのような事業を展開するには、それなりの投資が必要とされるが、「農業生産法人とネットワーク組織では、すでにこれらの対応をしてきた」との認識が示され、法人化にともなって必要とされる投資を、暗に農協に求めている。

以上から、先進的に取り組む法人が採用しているシステム、具体的には、生産から販売までの一連の過程について統合的にコントロールされたシステムを部会に導入し、マーケティング機能の向上を図らねばならない、という基本的な考え方が窺われる。また、部会の最適規模として旧村程度が望ましいことが指摘されており、組織再編の一つの方向性として注目される。しかしながら、それらの改革がなぜ部会のままではできないのか、といった基本的な理由が明らかにされていない。また、法人化後の農協との関係、農協職員の役割なども明確でない。そのため、改革の全体像、具体像がつかみにくい。

石田[1]は、農協法の改正を通じた農協の再生方向を展望する中で、部会の法人化の必要性を次のように指摘している[3]。「農協法には組合員組織である『部会』に関する規定がない。この部会…略…こそが多様化した組合員のニーズや願いを協同組合的な方法でかなえる基本的な単位であり、協同組合の機能をよりよく発揮するための主要な装置である。ドイツのErzeugergemeinschaftは日本では販売部会に相当するが、ドイツではこれを部会ではなく、法人として独立させ、農協・連合会と取引してもよいし、直接工場と取引してもよいこととしている。この事例を参考にするならば、部会…略…はこれを小規模な各種協同

組合、LLP、LLC、ないしは協同組合の運営原則を持つ株式会社として独立させ、そことと総合JAとが専属利用契約を結ぶことが考えられる。」

石田の議論において注目されるのは、農協・連合会だけでなく、直接工場と取引してもよいとされている点である。つまり、法人化後の部会においては、農協も一つの取引先となることを想定しているものと思われる。この点に、法人化の必要性があると考えられる。すなわち、農協の部会という枠組みの中では、農協・連合会以外の主体と直接的に取り引きすることが難しく、そのことが、多様な組合員のニーズや願いをかなえることを困難化させ、協同活動の沈滞を招いてきたと考えられる。ただし、法人化した部会を農協のガバナンス上でどのように位置づけるのか、また既存の部会担当職員をどのように再配置するかなど、解明されるべき課題も多く残されている。

以上、本節では部会の法人化に関する先行研究を見てきた。そこでは、農協の分権化、生産から販売までの統合システムの確立、取引先の拡大（農協の取引先化）を通じた協同活動の活発化といった点に、法人化の目的が置かれていたといえよう。これらの点を踏まえて、次節では事例分析を進める。

第3節　法人化の背景と意義
―― 農事組合法人さんぶ野菜ネットワークの事例分析 ――

1　法人の設立経緯

農事組合法人さんぶ野菜ネットワークは、千葉県山武町の睦岡地区に位置する。同地区は、山武郡市農業協同組合（以下、JA山武郡市と略す）睦岡支所の管轄地域となっている。JA山武郡市の販売事業高は約124億円で、そのうち青果物が約72億円を占めている。管内では園芸農業が活発だが、産地商人や専門農協、産直組織なども多数存在し、系統共販率は低い。また、部会の再編は進んでおらず、支所がさまざまな活動の基本単位となっている[4]。

さんぶ野菜ネットワークの前身は、1988年に設立された無農薬有機部会である。設立の背景には、主力品目であったニンジンの連作障害の多発や安全な農

産物に対する意識の高まりがあった[5]。無農薬有機部会の参加メンバーは、睦岡支所の作目別部会員で、同部会の設立後、既存の作目別部会とは活動を異にすることとなった。設立翌年には契約取引を開始したが、栽培技術が確立されず、事業がなかなか軌道に乗らなかった。1992年には、スイカやメロンの無農薬栽培は困難なことから、組織の名称が有機部会へと変更されている。しかし、さまざまな試験研究を重ねる中で次第に生産が安定し、1998年には環境保全型農業推進コンクールで「農林水産大臣賞」を受賞、2000年にはJAS法にもとづく有機農産物の認証を受けている。

そして2005年、耕作放棄地の増加など急速な地域農業の衰退に対応するため、法人として独立することとなった。参加メンバーは、有機部会の部会員49戸のうち、高齢化を理由に参加を断念した3戸を除く46戸の部会員である。平均年齢は約45歳で、60歳以上の組合員はほとんどいない。法人への出資金は1戸20万円となっている。また、当法人はJA山武郡市の組合員となっており、有機部会としての位置づけを残している。

2 法人の運営体制

当法人の売上高は、約5億円となることが見込まれている。主な取引先は、「大地を守る会」や「らでぃっしゅぼーや」などの専門流通業者、生協、外食産業などで、ニンジン、サトイモなど、年間85品目を供給する予定となっている。契約型取引が大半を占め、市場流通は行っていない。また、商品は有機農産物と特別栽培農産物に特化している。当法人には90haの組合員の圃場が登録されており、30haが有機農産物、60haが特別栽培農産物の登録圃場となっている。

このような販売と生産を支えているのが、図Ⅵ-1に示した運営機構である。最高意思決定機関は全組合員が参加する総会で、そこでは12名の理事が選出される。理事は理事会を構成し、代表理事や常勤理事を互選で選出する。また、総務・企画委員会、販売委員会、生産・認証委員会に4名ずつ所属している。三つの委員会は、月に3回開催され事業の方針や計画を集約する。そして月1回の理事会において意思決定される。

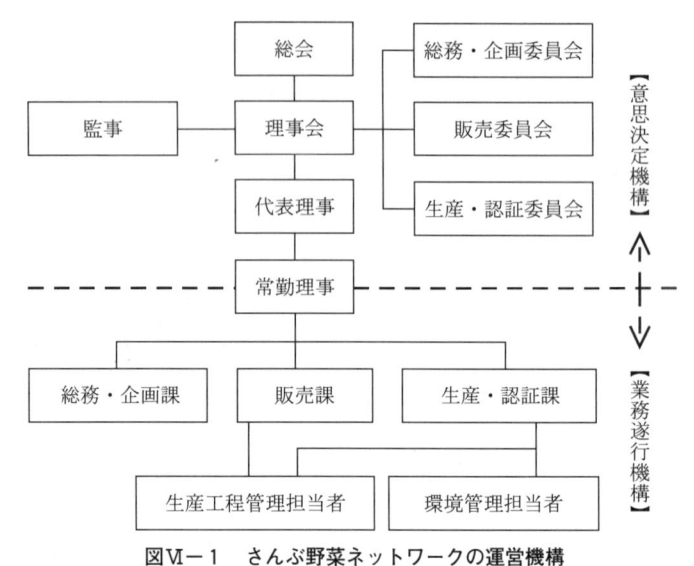

図Ⅵ－1　さんぶ野菜ネットワークの運営機構
資料：同法人の組合長や常勤理事へのヒアリングにもとづき作成。

　このような意思決定の下で、より日常的な業務を遂行しているのが、常勤理事1名、4名の職員、2名のパート員である。職員とパート員は、総務・企画課、販売課、生産・認証課の三つの課に配属されており、それぞれ職能に応じた業務を遂行している。
　さらに、業務体系の中には組合員も組み込まれている。17名の生産工程管理担当者と12名の環境管理担当者である。例えば前者は、83に及ぶ品目の作付面積の配分と調整や、栽培履歴の管理などを行っている。欠品の回避や取引先からの信用を得るために不可欠な業務であり、その責任は重いものといえよう。理事12名にこれら29名の担当者を加えれば、ほとんどの組合員が運営における役割をもつこととなる。このように運営責任を広く組合員に分担する仕組みは有機部会の頃から採用されており、当該事例の特徴といえよう。
　その一方で、有機部会の運営機構と比較した場合、三つの変化があげられる。
　第一には、三つの委員会の設置である。従来の部会にはこのような機関がなく、7名の役員によって構成される役員会が、計画と意思決定をともに担っていた。現法人は、それらを分離、細分化することによって、専門性の向上を図

っている。

　第二には、常勤理事の設置である。同理事は、元睦岡支所の支所長であり、販路の開拓や生産工程の管理など有機部会の業務に携わっていた。同理事が法人に常駐して職員を管理することにより、意思決定機構と業務遂行機構の円滑な関係が構築され、組織としての一体性が高められている。

　第三には、職員体制の充実である。4名の職員と2名のパート員は、いずれも睦岡支所の従業員だった。そのうち2名の職員は、他の作目別部会の精算業務や購買業務も担当しており、有機部会の専従職員ではなかった。元支所長が常勤理事として加わっていることと合わせて考えれば、職員体制は、質的にも量的にも強化が図られたといえよう。

3　法人の成長メカニズム

　当法人は現在、有機部会においては実行できなかったさまざまな取り組みを計画しており、今後成長局面を迎えると考えられる。

　企業の成長は、図Ⅵ-2に示すメカニズムによって実現される。成長の源泉は、規模の経済、深さの経済、範囲の経済、組織の経済にある[6]。それらは、知識の深化・拡幅を基点とするフィードバックを示している。つまり、ポイントは「知識の深化・拡幅」と、それをもたらす「事業活動を通じた学習」にある。事業活動の経験が累積すると、さまざまな知恵が現場で生まれる。つまり、経験の累積は学習を生み出し知識が深化する。また、経験の累積が進む中で、他の分野に応用可能な発見、すなわち知識の拡幅が生じる。

　有機部会においても、知識の深化・拡幅が進んでいたと考えられる。意思決定においても、業務の遂行においても、部会員が深く関わっていたからである。しかし、部会という枠組みの中では、知識をフルに活用することができなかった。具体的には、現法人が計画している図の網掛けで示した戦略的行動を、実行できなかったと考えられる。

　第一には、組合員の拡大や農業生産法人の育成など、規模の拡大（売上高の拡大）のための行動である。有機部会においては、部会員を増やして取り扱い商品を拡大しても、販路の拡充や生産工程の管理指導は十分行えた。しかし、

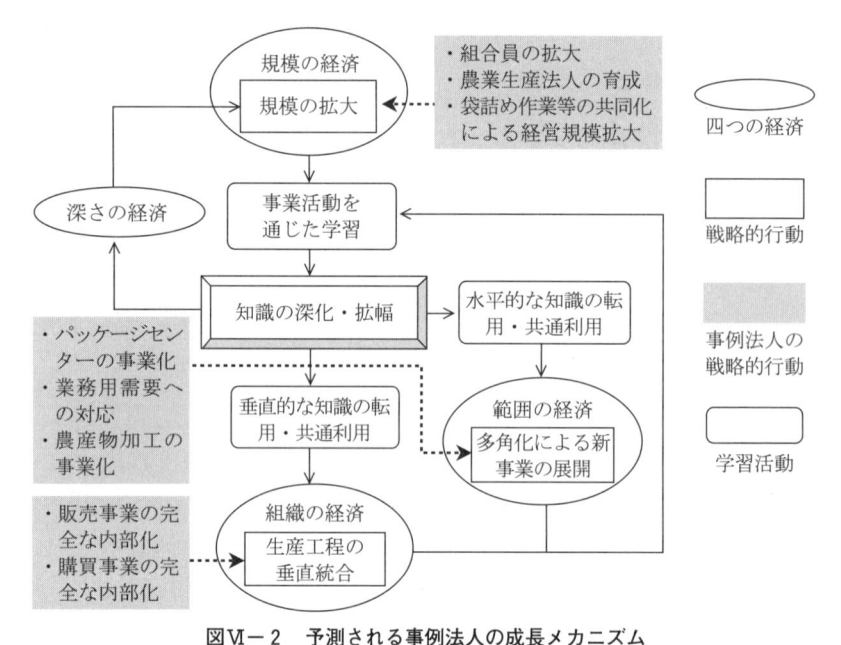

図Ⅵ-2　予測される事例法人の成長メカニズム
資料：伊丹・軽部［3］、p.296の図を参考に、加筆・修正して作成。

支所別の部会体制の中で、他部会の部会員を勧誘することは難しい状況にあった。現法人の定款では、組織の対象地域は千葉県全域とされており、今後組合員の積極的な拡大を目指すこととしている。また、個別経営の農業生産法人化を支援し、経営規模の拡大を促そうとしている。そのような支援には職員体制の充実が不可欠だったが、部会にとどまる限りできなかった。

　第二には、パッケージセンターの事業化や業務用需要への対応など、事業の多角化行動である。パッケージセンターについては、さまざまな取引経験から受発注の管理や商品化についての知識が十分蓄積されていた。しかし、農協は施設への投資を行わず、部会が自ら取得することもできなかった。業務用需要への対応については、生産工程管理の経験などから得られたノウハウを十分活用できたが、部会員の圃場はその多くが有機農産物などの登録圃場となっており、容易に生産工程の変更はできないため、部会員の拡大が不可欠であった。

　これらの戦略的行動の実行は、さらなる知識の深化・拡幅を促し、法人の安

定的な成長を導く可能性をもつ。以上から明らかなように、法人化の意義は、事業体としての発展を実現するために、農協の部会という枠組みのもつ限界を打破することにあったといえよう。

4　法人化がもたらす可能性

さらに法人化によって、次のような効果が期待される。

第一に、組合員においては二つの効果が期待される。一つには、所得の向上である。このことは、法人が安定的に成長して事業効率が高まる中で実現されることとなろう。二つには、農業経営を持続的に展開しやすい環境の整備である。現組合員の平均年齢は高くないが、今後それぞれの両親のリタイアにともなう労働力の脆弱化が懸念される。そのような懸念に対し、当法人では、袋詰め作業の共同化や生産管理が従来に比べて容易な業務用需要によって対応しようとしている。法人化によって、農業経営の持続性は高まることとなろう。

第二に、地域農業においては三つの効果が期待される。一つには、耕作放棄地の抑制である。耕作放棄地の増大は、法人化を決断した大きな理由であった。なぜなら、それは登録圃場への悪影響をもつとともに、将来有機部会の集荷対象となりうる農地が減少することを意味していたからである。現法人では、組合員の経営規模の拡大を促す中で、耕作放棄地に対応しようとしている。二つには、地域農業の組織化利益の拡大である。今日、多くの部会では、先進的な農業経営が離脱して独自に事業を展開する動きが見られる。しかし、そのような組織再編においては、残された部会が産地ブランドの低下に直面し、離脱した農業経営も事業が軌道に乗るまでに大きな機会コストに直面するなど、組織化利益の低下やさまざまなロスの発生が見られる。当該事例の組織再編ではそのような事態が回避され、さらに今後は、知識のフル活用により組織化利益が拡大すると考えられる。

そして三つには、農協と法人という新たに構築された組織間関係にもとづく、地域農業の生産性向上である。この点については、次項で考察する。

5 組織間関係の方向性 —— 法人と農協の今日的関係 ——

事例法人は、現在も農協と一定の関係を構築している。

第一には、集荷場の利用や共同輸送においてである。組合員は、個別に調製・袋詰めなどを行った後、農協の集荷場に持ち込んでいる。集荷場では農協職員が、法人からの指示にもとづき、取引先別にトラックへの荷積みなどを行っている。その際、作目別部会の商品との共同輸送が行われており、コストの低減につながっている。これらの仕組みや手数料は、法人化前と同様である。

第二には、金融面における関係である。法人のメインバンクは農協となっており、運転資金の借り入れが行われている。

当法人が農協に出資している理由の一つは、これらの農協事業を利用するためである。そして農協事業の利用は、法人と農協の双方に利益をもたらしている。このような協調的関係を構築できる分野には、生産資材の購買やパッケージセンターの設置なども該当しよう。法人と農協の間で、積極的に協調の利益の追求が図られるべきである。

その一方で、農産物の集荷をめぐり、両者は今後競合関係にならざるをえない。事例法人が、組合員の拡大を目指し、作目別部会員に対する勧誘を強めると考えられるからである。農協にも、既存の市場流通を中心とする事業方式を変革し、農産物の集荷に関して法人と積極的に競争する姿勢が求められる。そのような競争の中でこそ、農業経営にとってより有利な所得機会が生み出されると考えられる。

有機部会の法人化は、農協事業に対して少なからぬ刺激を与えると考えられる。そして、法人と農協が、協調と競争の二つの関係を追求するならば、地域農業の生産性は向上することとなろう。

第4節 農協事業の改革方向

1 社内ベンチャーとしての部会

前節で見てきたように、部会の法人化はさまざまな効果をもたらすと考えら

れる。しかし、事例としたさんぶ野菜ネットワークの法人化に至るプロセスを踏まえた場合、部会の法人化という動きの普遍化は、決して容易でないと考えられる。具体的には、以下の三点が理由としてあげられる。

　第一に、多くの一般的な部会では、運営機能を農協に依存していることである。これに対して有機部会は、15年を超える活動を通じて、運営ノウハウを十分に蓄積していた。運営ノウハウをもたない部会が法人化した場合、不安定な事業を強いられることは容易に想定される。

　第二に、多くの一般的な部会では、部会員の異質性が高いことである。これに対して有機部会は、生産工程の差別化を結集軸とする同質性の高い組織だった。部会員の異質性の高い部会が法人化を選択した場合、多数の離脱者の発生を招くことは避けられないだろう。また、そもそも法人化という経営行動について、組織として意思決定することができないと考えられる。

　第三に、多くの一般的な部会は、作目別に組織化されていることである。これに対して有機部会は、多品目を取り扱う組織だった。それは、運営に関わる労働や施設の稼働を周年的に発生させる。単品目の場合に比べ、採算性を確保しやすいと考えられる。

　ところで、部会員の同質性をもたらした生産工程の差別化や、多品目の取り扱いを可能とする栽培技術体系の確立などは、有機部会による組織的な知識創造であったといえる。第Ⅰ章の考察にもとづけば、有機部会は情報蓄積体としての性格を強くもっていたといえよう。そして、情報蓄積体としての性格は、有機部会の意思決定や具体的な業務に対して、部会員が自主的・主体的に関わる中で構築されたものといえる。

　このことを踏まえるならば、今日の部会には、運営における自主性・主体性を発揮することが強く求められているといえよう。そのような自主性・主体性を促すために、農協には、部会員にできることは部会員に任すという姿勢の徹底、より具体的には、一般企業における社内ベンチャーのような位置づけを部会に与えることが求められている。

　社内ベンチャーとは、新事業の開発のために社内で自由にベンチャーをつくらせ、それを独立企業のように運営させ、本社が援助する仕組みのことである[7]。そ

の意義は三つあるとされる。一つには、事業の種（シーズ）をもった人が責任者となり、情報の統合が現場に近いところで行われることである。二つには、独立企業のように運営を任されることから自律感が増し、新事業の開発への心理的エネルギーが高まることである。そして三つには、既存事業の影響力や既存の思考様式から隔離されることである。

慣行農法と市場流通から脱却し、有機栽培と契約型取引の開発を進めた有機部会は、まさに社内ベンチャーであり、法人化は、より自律的な活動を求めるための分社化だったといえよう。このような取り組みの単位としては、有機部会のように既存の部会から分離した組織だけでなく、広域化した部会の中の小グループなども考えられる。肝要なことは、自律感をもった現場を構築することにあるといえよう。

もちろん、自律的な活動が知識創造に至るまでには、カネの結合体としての性格がきわめて弱い部会に対する農協の支援が不可欠である。JA山武郡市においては、支所単位で事業が展開されており、現法人の常勤理事を務めている元睦岡支所長が、有機部会に対して専従職員の配置をはじめとするさまざまな支援を行った。その支援が、有機部会の発展に対して大きな意味をもっていたと考えられる。

2 営農関連事業体制の改革方向

では、部会を社内ベンチャーと位置づけた場合、農協の営農関連事業体制にはどのような改革が望まれるだろうか。以下では、特に営農指導員と販売担当職員に焦点を絞って、その職員体制について検討を進める。まず、事例とした有機部会における農協の職員体制を確認する。

有機部会の場合、その事業と活動だけに関わり、他の部会の業務はもちろん、共済のノルマなどももたない専従職員が2名配置されていた。2名の職員は、それぞれ生産から販売まで一貫して担当していた。また、支所長も専従職員ではないが、販路の開拓や生産工程管理の支援などを行っていた。このように、生産と販売についての職能が分離されていなかった。これは、有機部会における事業が確立されておらず、契約型取引に対応する新たなビジネスシステムの構

築過程にあったため、職員に多様な業務が求められたからと考えられる。事実、事業が軌道に乗った現在は、先の図Ⅵ-1に示したように職能が分離されている。当該事例における職員体制のポイントは、農協の職員としてではなく、事実上の有機部会の職員として、生産から販売まで専門的かつ専従的対応をしていたことにある。

では、一般的な部会における職員体制は、どのような状況にあるだろうか。例えば、本稿が事例としてとりあげたJA北信州みゆき上今井支部の場合、営農技術員1名と販売担当職員1名が担当している。また、JAふくおか八女なし部会の場合、営農指導員2名と販売担当職員1名が担当している。両部会とも、生産から販売まで専門的に対応する職員体制が整備されている。ただし有機部会と比べた場合、専従性に大きな差がある。上今井支部となし部会の担当職員は、部会とは関わりのないその他の業務にも携わっている。

このような状況は、一般的なものと考えられる。表Ⅵ-1には、営農指導員の業務内容とその割合の実態を示した。「共益性業務」とは、部会の活動など組合員が主体的に行う協同活動と密接な関係をもつ業務を意味し、「事業性業務」とは、組合員の協同活動としての性格が薄い農協自体の事業に関係する業務を意味し、「公益性業務」とは、生産調整の推進や行政との連絡調整など受益者が特定しがたい公的な業務を意味する[8]。このことから明らかなように、部会と関係の深い業務は「共益性業務」であり、表によればその業務割合は54.2％となっている。もちろん、「事業性業務」の中にも購買業務や販売に関する実務的業務など、部会と関わりのある業務が含まれている。しかし、それらの業務を合算しても76％にしか達しない。以上から、部会担当の営農指導員であっても、部会とは関わりの低い業務に対して、少なからぬ対応を強いられている実態が推測される。販売担当

表Ⅵ-1 営農指導員の業務内容とその割合

業務区分	割合（％）
共益性業務	54.2
指導業務	31.2
部会対応	12.0
集出荷業務	11.0
事業性業務	21.8
購買業務	4.0
販売業務	10.0
利用事業	7.8
公益性業務	14.7
行政対応	7.8
農政対応	4.6
外勤業務	2.3
その他業務	9.2
会議打合せ	6.1
その他	3.1
合計	100.0

資料：増田[7]、p.27の表を転載。

職員も、同じような状況にあると考えられる。

　部会を社内ベンチャーとして育成するには、このような職員体制が変革されなければならない。具体的には、部会に関連しない業務を取り除いて、できるかぎり職員の専従性を高め、出向のような形に近づける必要がある。もちろんその際には、専従職員の雇用が部会によって支えられなければならない。ただし、現状の営農関連事業が赤字であることを考えれば、販売手数料などを大幅に増額しない限りその実現は困難であろう。そこで、現在の部会担当職員をすべて専従職員とするのではなく、販売担当職員の業務を営農指導員に移管、あるいは営農指導員の業務を販売担当職員に移管し、移管された職員だけを部会の専従職員とすることが、現実的な方策として考えられる。

　このことを実現するには、次の二つも同時に検討される必要がある。一つには、ルーチンワーク的なものはできるだけパートに任せることである。もう一つには、部会員にできることは部会員に任せることの徹底である。これらを通じてはじめて、部会担当職員の削減は可能となろう。

　他方、業務を移管して、部会の専従職員とはならない営農指導員や販売担当職員は、次のような業務を展開することが望まれる。まず、営農指導員は営農コンサルティングの専門部署を構成して、高度な栽培技術指導や経営指導、部会と連携した試験研究などを展開することが望まれる。一方、販売担当職員はマーケティングの専門部署を構成して、部会に対する直販販路の斡旋、複数の作目を組み合わせた農協ブランドの商品開発、カット野菜事業の展開などが考えられる。その際、マーケティング専門部署は、あくまで部会の一つの取引先として位置づけられなければならない。

　JAふくおか八女では、すでにその萌芽的な取り組みが見られる。同農協は、直販課を設置して東京に事務所を開設し、直販ルートを積極的に開拓している。直販課が斡旋する販路を部会が利用するか否かは、市場流通と比べた場合の有利性にもとづいて決められている。つまり、部会と直販課の取引は、市場取引に近いものとなっている。ただし、直販課が荷引きをめぐって競争している相手は既存の系統共販であり、系統外部の主体ではない。部会を社内ベンチャーとして位置づけ、そこで多様な販路の開拓が模索されるならば、マーケティン

グ専門部署の競争相手は、系統外の主体にも広がることとなる。その競争の中で、選びとられる存在とならなければならない。

　以上で見てきたように、現在の部会担当職員を、部会の専従職員、営農コンサルティング職員、マーケティング専門職員として再編していくことが望まれる。このような職員体制が整備されることにより、部会は社内ベンチャーとして、自律的な事業・活動を展開していくことが可能となろう。

第5節　むすび

　本章では、以下の点を明らかにした。
　第一に、農事組合法人さんぶ野菜ネットワークを事例として、法人化の背景と意義を明らかにした。今後予測される企業としての成長メカニズムを考察し、法人化は、事業体としての発展を実現するために、農協の部会という枠組みのもつ限界を打破するための経営行動であったことを指摘した。また、組合員においては、所得の向上や農業経営を持続的に展開しやすい環境の整備が期待されること、地域農業においては、耕作放棄地の抑制、組織化利益の拡大、生産性の向上などが期待されることを明らかにした。
　第二に、事例分析を踏まえて、農協事業の改革方向について考察した。まず、部会と農協の今日的な関係のあり方について考察した。事例分析の結果から、部会の法人化は決して容易ではないが、さまざまな知識創造を可能とした有機部会と農協の関係は、広く普遍化すべきであると考えられた。その関係とは、農協が部会を社内ベンチャーのように位置づけ、現場の自律的な活動に対する支援に徹することである。また、部会を社内ベンチャーとして位置づけた場合に望まれる職員体制の再編方向について検討し、現在の部会担当職員を、部会の専従職員、営農コンサルティング職員、マーケティング専門職員として再編すべきことを指摘した。

【注】
1) 高橋［5］、pp.223〜242を参照。
2) 斎藤［4］、pp.23〜27を参照。
3) 石田［1］、pp.10〜14を参照。
4) ただし、近年部会の再編に着手しており、ニンジン、スイカなどは農協として共計が統一されている。
5) 野見山［6］、pp.8〜9を参照。
6) 規模の経済とは、生産規模の拡大にともなうコスト効率の向上、深さの経済とは、事業や活動の経験を通じた知識水準の深化にともなうコスト効率の向上、範囲の経済とは、事業範囲の拡大にともなうコスト効率の向上、組織の経済とは、従来自組織が行っていなかった生産工程の統合にともなうコスト効率の向上を意味する。これらの定義は、伊丹・軽部［3］、pp.281〜294を参照。
7) ここでの社内ベンチャーの説明は、伊丹・加護野［2］、pp.290〜291を参照。
8) 増田［7］、pp.27〜29を参照。

【参考文献】
［1］石田正昭「JA危機の問題構造とJA改革の新局面―再生のためのグランドデザイン」『農業と経済』、vol.71 No.7、2005
［2］伊丹敬之・加護野忠男『ゼミナール経営学入門 第3版』、日本経済新聞社、2003
［3］伊丹敬之・軽部大「企業成長の四つの経済」伊丹敬之・軽部大編著『見えざる資産の戦略と論理』、日本経済新聞社、2004
［4］斎藤修「マーケティングによる販売チャネルの多様化とその管理こそJAの課題」『農村文化運動』、176、2005
［5］高橋五郎「『協同組合内市場原理』と農協の組織再編」『農協四十年―期待と現実―』、御茶の水書房、1989
［6］野見山敏雄「新しいJA像をこう考える―地域経済・農業の観点から―」『近畿農協研究』、No.220、2004
［7］増田佳昭「転機に立つ営農指導事業費用負担問題を中心に」『農業と経済』、vol.70 No.9、2005

終章
結　論

第1節　各章の要約

　本研究の課題は、我が国の園芸農業における、主産地の担い手組織として機能してきた農協生産部会を研究対象として、その組織再編の実態と今日的なマネジメント方策を解明することにあった。

　今日の経済社会は、世界的な潮流として市場社会の傾向を強めている。その結果、系列に代表される集団主義的な経営組織は、その内部における主体間の結びつきや外部主体との関係性について、強く再考を迫られている。強固な地縁ネットワークを組織基盤としてもち、系統共販、市場流通という固定的な枠組みの中で活動してきた部会も例外ではない。

　そこで本研究では、部会員と部会員、部会員と部会、部会と外部主体などさまざまな主体を結びつけるものとして「信頼」に着目し、「信頼」の形成、あるいは、「信頼」にもとづく行動を可能とするシステムを信頼型マネジメントと位置づけ、その具体的なあり方を、統治、運営、事業・活動、農協との関係という四つの観点から検討することとした。

　このような課題に対して、本研究では六つの章によってアプローチした。各章の内容を要約すれば、以下の通りである。

　第Ⅰ章「農協生産部会の存在形態に関する組織論的考察」では、本研究が対象とする部会の存在形態を考察し、経済活動を営む経営組織としての特徴を明らかにした。

　まず、既存の研究や実際の規約から、部会には、作目別組織であること、機

能別組織であること、地縁組織であること、生産・流通組織であること、自治組織であること、農協事業の運営者組織であること、農協事業の利用者組織であること、という七つの一般的な特徴があることを明らかにし、これらを踏まえて、「特定の作目を生産する農業経営が、その経営発展を実現するために組織化し、自ら統治する農協の組合員組織であり、農協事業の運営と利用の統制を通じて、農業経営の大半の過程に関与する組織」として、部会を定義した。

次に、既存の経営学の研究成果を踏まえて、部会の企業的な特性について明らかにした。具体的には、企業に備わっている技術的変換体、資金結合体、情報蓄積体、統治体、分配機構という五つの本質について、それぞれ部会の実態と照合しながら考察した。その結果、情報蓄積体や統治体という観点からは、部会には一定の企業的な性格が確認されるが、企業の最も基礎的な機能である技術的変換の経済効率が低く、また、資金結合体や分配機構としての性格はきわめて弱いものだった。これらのことから、総じて部会の企業的な性格は弱いものであることが明らかとなった。

そこで次に、なぜ部会の企業的な性格は弱いのか、企業的な性格を強めるにはどのような方策が考えられるのかといった点について、関係型組織と機能型組織という概念を用いて考察した。その結果、機能型組織であることを企図して設立された部会が、①これまでの組織再編プロセス、②農協事業の利用者組織としての性格をもつこと、③資金結合体としての性格がきわめて弱いこと、などを主たる要因として、関係型組織としての性格を強めていることが明らかとなった。部会が企業的な性格を強めるには、機能型組織としての性格強化が不可欠である。そのための方策としては、農協の部会という枠組みの中で、統治体と情報蓄積体としての強化を図ること、あるいは、法人化を通じた農協の部会という枠組みからの脱却が、有効と考えられることを指摘した。

第Ⅱ章「農協生産部会の展開過程と組織再編の今日的特徴」では、これまでの部会の展開過程と、今日的な組織再編の背景や特徴を明らかにした。

まず、1960年代以降の営農団地構想や構造改善事業を背景として、業種別組合が農協に組み込まれることにより、部会が誕生したことを明らかにした。そして、部会誕生以後の農協は、1990年代まで園芸農産物の集出荷シェアを一貫

して高めてきたことを統計データから確認した。しかし、近年では個販部門が拡大するなど、その発展に翳りが見られた。このような傾向に拍車をかけているのが、金融自由化への対応を目指した広域合併や経済事業改革など、産地規模の拡大や産地強化とは別の論理で進展している農協改革であり、その結果として、長期的なビジョンを構築せず、十分な話し合いを経ないまま、拙速な部会の統合再編が進められていることを明らかにした。

そこで次に、部会の統合過程において、現場レベルでは何が具体的な論点となるのか、また、農業経営はどのような対応をとるのかといった点について、JAきびじ管内のモモ出荷組合を事例として分析した。当該事例においては、農協の広域合併後、六つの出荷組合による統合に向けた話し合いが行われていたが、組織統制のあり方、集荷場の統一、検査体制などの統合条件をめぐって組織コンフリクトが発生し、話し合いは決裂していた。その一方で、各出荷組合は共販の一元化に代わる代替的な適応行動を行い、それぞれ組織基盤の強化を図っていた。そこで、今後の出荷組合の再編方向としては、それら代替的な適応行動を生かして各出荷組合が機能性を高めていくことが重要であり、出荷組合間での個人の流動化がポイントとなることを指摘した。

次に、経済事業改革の一つである集出荷施設の統廃合が部会に与える影響を明らかにするため、岡山県南部の一宮地区のモモ産地を事例として分析した。当該事例では、12の集荷場を集約した大型機械選別場の導入後、個販部門が拡大し、共販の集荷力が弱体化していた。これは、光センサーを用いた商品差別化が不十分なために販売単価が低迷していることや、部会員の共同作業の場であり、運営主体との情報交流の場であった集荷場が廃止され、部会員の顧客化が進んだことに起因していると考えられた。そこで、今後の運営改革の方向としては、まず、役員選出体系の見直しを通じて、部会員の運営に対する納得性を構築することが重要であり、その上で、糖度規格の見直しなど公平性にもとづく事業を展開すべきことを指摘した。

第Ⅲ章「農協生産部会の統治機構と部会員のロイヤルティ」では、部会員と部会役員、あるいは、部会員と部会の関係性に焦点を当て、それら主体を結びつける信頼の形成方策について、組織の統治という観点から検討を進めた。特

に本章では、信頼をハーシュマン理論におけるロイヤルティとして捉え、その形成メカニズムの解明を目指した。

まず、ハーシュマン理論においては、退出と告発という二つの回復メカニズムを通じて組織の存続が保証されることを明らかにし、組織化の範囲に制約のある部会においては、先に告発が活発化し、その後退出が始まるという順序での回復メカニズムの作動が望ましいことを明らかにした。また、部会における統治概念について検討し、部会の統治は、部会員による部会運営への直接的な影響力の行使と、部会役員を通じた間接的な影響力の行使によって成り立っていることを明らかにした。そして、部会が存続するには、短期的な機会損失を甘受しながらも、中長期的な組織の改善を期待して影響力を行使する部会員、すなわち、告発を行う部会員の存在が不可欠であり、そのような部会員の行動を促すものがロイヤルティであることを明らかにした。

以上の考察を踏まえて、事例分析を進めた。第一に、小規模部会の事例としてJAはだのいちご部をとりあげ、統治機構とロイヤルティの実態について考察した。当該事例では、直接的な影響力の行使は不活発で、役員を通じた間接的な影響力の行使も形式的な意味しかもっていなかった。しかし、全部員が短期間に役職を一巡するという役員体系の下で、部員は共同統治者としての性格をもち、また、事業・活動に部員が積極的に関わる中で、組織を改善できるという期待が育まれていた。これら二点が相俟って、ロイヤルティが形成されていると考えられた。

第二に、大規模部会の事例としてJAふくおか八女なし部会をとりあげ、統治機構とロイヤルティの実態について考察した。当該事例では、直接的な影響力の行使は活発ではないが、間接的な影響力の行使が重要な意味をもっていた。特に支部役員が、事態を改善するために行為を起こす主体として部会員から認識されており、ロイヤルティが形成されていると考えられた。当該事例のロイヤルティは、支部間の緊張関係を基点として形成・強化されていたが、その一方で、緊張関係を破綻させないための仕組みも構築されていた。具体的には、支部を超えた部会員の交流機会の整備や、栽培技術の統一性を高めるための取り組みなどである。これらのことから、当該事例の安定的な発展には、緊張関

係の創出と緩和の継続が重要であることを指摘した。

　第Ⅳ章「農協生産部会における協同とソーシャルキャピタル」では、部会員と部会員の関係性に焦点を当て、両者を結びつける信頼の形成方策について検討を進めた。特に本章では、信頼をソーシャルキャピタルとして捉え、その形成と機能発現のメカニズムを考察し、協同の活性化を促す事業・活動のあり方について検討した。

　まず、既存の研究を踏まえて、ソーシャルキャピタルと部会における協同の関係性について考察した。情報の不完全性の拡大や協調の利益の低下に直面している今日の部会は、協同のきわめて活発な部会と協同のきわめて不活発な部会という二極化が進んでいることを指摘し、前者のような部会を育成するために、ソーシャルキャピタルの果たすべき役割が拡大していることを明らかにした。

　次に、JA北信州みゆきの二つのリンゴ部会、上今井支部と豊田支部をとりあげ、ソーシャルキャピタルの形成と機能発現のメカニズムについて、実証的に分析を進めた。上今井支部と豊田支部を比べると、前者において、より活発な協同が展開されていた。また、上今井支部においては、役員による献身的な組織運営の下で、部会員のさまざまな交流機会が構築されていた。これらのことから、ソーシャルキャピタルの形成には部会員の交流機会、特に、互いに注意や関心を向け合うヒューマン・モーメントとしての交流機会を意図的に創り出していくことが不可欠であり、そこでの活動を通じて、部会員の協力関係や共通の行動の基盤となる機能的なネットワークが形成されることを明らかにした。そして、部会役員の献身的な姿勢が、機能的なネットワークから実際の協力的な行動を導く駆動力であることを明らかにするとともに、農協職員は駆動力となりえないことを指摘した。

　第Ⅴ章「農協生産部会における協働運営の構造と運営者の育成方策」では、第Ⅲ章と第Ⅳ章から得られた知見を踏まえて、部会の運営のあり方と運営者としての部会員の育成方策について検討した。その際、実際の部会運営においては農協職員も少なからぬ役割を果たしていることから、部会員と農協職員による協働運営という観点から考察を進めることとした。

　協働運営は、部会運営だけにとどまらず、農協運営全般に求められているも

のである。そこで本章では、まず農協運営の一般的な改革方向について検討し、改革の基本方向は自主・自立の組合員組織の育成にあること、その育成には利用者ではなく運営者を対象とした教育、特にOJTとしての教育活動が不可欠なこと、そして組合員が運営者であることを前提として、組合員と職員の構築すべき関係が協働であり、協働によってより効率的かつ創造的な事業・活動が展開される可能性を指摘した。

次に、第Ⅲ章と第Ⅳ章において事例としてとりあげた、JAはだのいちご部、JAふくおか八女なし部会、JA北信州みゆき上今井支部における、農協職員の役割について整理した。三部会とも、営農指導員が事務局機能を担っており、部会運営の円滑化や組織としての一体性を高めるために重要な役割を果たしていること、また、専門的知識の補助や情報の整理・調整などを通じて、部会の意思決定の円滑化に寄与していることを明らかにした。

これらを踏まえて、部会における協働運営の構造と運営者の育成方策について考察した。まず、協働運営の構造については、情報を十分に共有している部会役員と農協職員が、それぞれの特性に応じて部会員に働きかけること、具体的には、部会役員は心理的な側面から部会員に働きかけ、農協職員は情報的側面から部会員に働きかけることにより、部会員の帰属意識が高まり、彼らの部会に対する協力的な行動が引き出されることを明らかにした。次に、運営者としての部会員の育成方策について検討した。その育成の場としては、役員会や三役会、事業・活動の実施段階、部会内の小組織などが考えられることを指摘するとともに、それらの場における、運営者としての能力や責任感を向上させるための仕組みについて、事例を踏まえて明らかにした。

第Ⅵ章「農協生産部会における法人化の意義と農協事業改革の課題」では、法人化を通じた農協からの独立を選択した、農事組合法人さんぶ野菜ネットワークを事例としてとりあげた。同法人は、系統共販、市場流通という枠組みから完全に脱却して、有機栽培と契約取引にもとづくビジネスシステムを構築している。つまり、一般的信頼にもとづいて、外部の利益機会を積極的に活用している事例と位置づけられる。そこで本章では、同法人を事例として部会の法人化の意義を明らかにするとともに、農協事業の改革方向について検討するこ

ととした。

　まず、部会の法人化の必要性を指摘した先行研究を概観し、そこでは、農協の分権化、生産から販売までの統合システムの確立、取引先の拡大を通じた協同活動の活発化といった点に、法人化の目的が置かれていることを明らかにした。

　次に、事例法人における今後の企業としての成長メカニズムを考察し、法人化は、事業体としての発展を実現するために、農協の部会という枠組みのもつ限界を打破するための経営行動であったことを明らかにした。そして、組合員においては、所得の向上や農業経営を持続的に展開しやすい環境の整備が期待されること、地域農業においては、耕作放棄地の抑制、組織化利益の拡大、生産性の向上などが期待されることを明らかにした。また、法人と農協は、協調と競争の二つの関係を追求すべきことを指摘した。

　これらを踏まえて、農協事業の改革方向について検討した。まず、事例分析の結果から、運営機能を農協に依存し、部会員の異質化が進み、作目別に組織化されている今日の一般的な部会においては、法人化という経営行動の普遍化は容易でないと考えられた。しかしながら、さまざまな知識創造を可能とした事例部会と農協の関係は、広く普遍化すべきであると考えられた。その関係とは、農協が部会を社内ベンチャーのように位置づけ、現場の自律的な活動に対する支援に徹することである。また、社内ベンチャーとしての取り組み単位には、既存の部会から分離した組織だけでなく、広域化した部会の中の小組織なども考えられることを指摘した。

　次に、部会を社内ベンチャーとして位置づけた場合の、農協職員体制の再編方向について検討した。農協職員は部会に対する専従性を高め、出向のような形に近づけていく必要がある。ただし、現在の部会担当職員をすべて部会の専従職員とした場合、手数料の大幅な増額が避けられない。そこで、部会員にできることは部会員に任せる、あるいは、ルーチンワーク的な業務はパート員に移管する中で、一定数の部会担当職員だけを専従職員とすることが、現実的な方策であることを明らかにした。そして、専従職員とはならない営農指導員や販売担当職員は、営農コンサルティングの専門部署やマーケティングの専門部署を構成すべきことを指摘した。このような職員体制の再編により、部会は社

内ベンチャーとして、自律的な事業・活動を展開していくことが可能になる。

第2節　信頼型マネジメントの展望——残された課題——

　本研究が検討を進めてきた信頼型マネジメントとは、外部環境と内部環境の変化にともなう社会的不確実性の存在を前提として、「安心」から「信頼」へと組織の質的な転換を可能とし、組織の発展を導くためのマネジメントを意味する。本研究では、第Ⅲ章において、部会員と部会（部会役員）の間の信頼形成を促す、部会の統治のあり方について考察し、第Ⅳ章において、部会員と部会員の間の信頼形成を促す、部会の事業・活動のあり方について考察した。また第Ⅴ章において、部会員と農協職員の協働にもとづいて展開される、部会の運営のあり方を明らかにした。そして第Ⅵ章において、部会と農協の関係のあり方について考察し、今後部会は、農協における社内ベンチャーとして位置づけられるべきことを指摘した。

　以上のように、本研究では、統治、運営、事業・活動、農協との関係、という四つの観点から検討を進めてきた。そして、これら四つのシステムこそ、信頼型マネジメントを構成するものである。その実践によって、部会は信頼にもとづく組織として質的な転換を遂げ、安定的な発展が可能となろう。ただし、本研究が検討を進めてきた信頼型マネジメントには、引き続き解明されるべき課題が残されている。ここでは、その具体的な課題として三点をとりあげ、本研究の結びとする。

　第一には、一般的信頼の形成メカニズムである。第Ⅵ章で事例とした農事組合法人さんぶ野菜ネットワークは、系統共販・市場流通という枠組みから脱却し、さまざまな外部主体と契約型取引を進めている。それは、一般的信頼にもとづく行動とみなすことができる。このような行動は、部会が農協の社内ベンチャーのように位置づけられ、現場の自律的な活動が追求される中で展開していた。そして、法人化という経営行動にまで至った当該事例においては、リスクを回避する能力としての社会的知性を、部会員は身に付けていると考えられ

る。ただし、部会と農協の関係は、一般的信頼にもとづく行動を可能とする、あるいは、一般的信頼の形成を促す環境条件であって、部会員が実際に身に付けるための主体的な条件や形成メカニズムについて、十分明らかにできていない。この点についての解明が、今後望まれる。

　第二には、信頼型マネジメントと組織的知識創造の関係についてである。部会が継続的に発展するには、新商品の開発や新たなビジネスシステムの構築など、組織的知識創造が不可欠である。組織的知識創造は、個人の暗黙知からグループの暗黙知を創造する共同化、暗黙知から形式知を創造する表出化、個別の形式知から体系的な形式知を創造する連結化、形式知から暗黙知を創造する内面化、という四つのプロセスを循環する中で実現されることが明らかにされている[1]。本研究では、第Ⅴ章において協働運営の構造を示し、協働の追求によって、より効率的かつ創造的な事業・活動が追求される可能性を指摘した。この協働と組織的知識創造は、密接な関係をもっていると考えられる。なぜなら図Ⅴ-1に示した協働運営の構造は、部会員、部会役員、農協職員の間で、暗黙知や形式知が共有・伝播されていくプロセスをかなり示していると考えられるからである。例えば、部会役員と農協職員の間では、情報が十分に共有されており、暗黙知の共有化が図られていると考えられる。また、事務局としての農協職員は、共有された情報の記録や整理を行っており、それは、暗黙知から形式知への転換プロセスと捉えることができる。さらに農協職員は、部会として統一を目指す技術や決まりについて、部会員に浸透させる役割を担っており、それは、形式知を個人の暗黙知に転換するプロセスと位置づけられる。以上のように、協働と組織的知識創造は密接に関係していると考えられる。両者の関係について、理論と実証の両面から研究を継続することが望まれる。

　そして第三には、社内ベンチャーとして部会が自律的な活動を展開することを可能とする、農協のガバナンス構造の解明である。今後、部会が発展するには、系統外の主体との取引や専従的な職員体制の構築など、部会の多様な要求が農協において許容され、それに応える意思決定がなされなければならない。第Ⅵ章で事例としたJA山武郡市においては、支所別に事業が展開され、支所長の決断が、部会の自律的な活動を可能としていた。このように、事業を管轄す

るトップの決断が重要と考えられる。その一方で、従来の研究では、組合員の要求が多様化しているにも関わらず、その要求を看過し、平均的・画一的な事業を農協が展開してきた根本的な要因は、ガバナンス構造にあることが指摘されている[2]。つまり、部会が社内ベンチャーとして存在することが一般化されるには、農協のガバナンス構造の見直しが不可欠である。その具体的な方向は、集落のみに基礎組織としての位置づけを与えている現状を改め、部会をはじめとする多様な組合員組織を、基礎組織として積極的に位置づけていくことにあるだろう。すでに長野県においては、基礎組織の改革を検討するための研究会が立ち上げられ、そこでは、家ではなく個人を基礎に、年代やさまざまな目的別にグループ化を進め、それらグループと部会などの組合員組織を、基礎組織として位置づけるという方向性が打ち出されている[3]。このような農協ガバナンスの改革によって、部会が社内ベンチャーとして自律的な活動を展開することが可能となるのか、今後、研究を進めていくことが望まれる。

【注】

1) 野中・竹内［3］、pp.91～105を参照。
2) 石田［1］、p.45を参照。
3) JA長野中央会・JA組合員基礎組織あり方研究会［2］、pp.12～14を参照。

【参考文献】

［1］石田正昭「農業経営異質化への農協販売事業の対応課題」『農業経営研究』、第33巻第2号、1995
［2］JA長野中央会・JA組合員基礎組織あり方研究会『協同活動の再構築に向けて（JA組合員組織のあり方研究中間報告書）』、2004
［3］野中郁次郎・竹内弘高著・梅本勝博訳『知識創造企業』、東洋経済新報社、1996

補章

共同利用施設における赤字構造の解明と対応策

第1節　はじめに

　農林水産省「総合農協統計表」によれば、1999年度の農協における事業総利益は約2.2兆円であった。利用事業の総利益は約8.8百億円で、3.9％を占めているに過ぎないが、この利用事業で共同利用される施設には、ライスセンター、カントリーエレベーター、共同育苗施設など地域農業と密接に関わっているものが多い。このうち、本章では野菜共選施設[1]に関する利用事業を取りあげる。
　これまで国内生産が比較的維持されてきた野菜であるが、近年その生産や流通構造は大きく変化を遂げており、既存産地は大規模化への再編を余儀なくされている。産地形成における農協の今日的使命もこの点にあり、その具体的対応方策の一つが共選施設整備である、という指摘もなされている[2]。しかし、この共選施設利用事業は、従来からたびたびその赤字問題が指摘されている[3]。信用・共済事業に依存した総合採算性の限界は指摘されて久しく、各事業にはできる限り収支均衡を図ることが望まれている。本章の課題は、共選施設利用事業の赤字構造を事例分析を通じて明らかにし、それにもとづき今後の改善方策に関する知見を得ることである。
　共同利用施設の経営問題に関しては、すでにいくつかの研究がなされている。そこでは、赤字の主要因として低稼働率があげられており、その対策として利用組織や利用料金水準のあり方に関する実証分析・理論化が行われている[4]。ただし、これら研究はライスセンターやカントリーエレベーターなど稲作共同利用施設を対象としたものであり、野菜や果実など青果物共選施設の経営問題を

論じたものはほとんど見られない[5]。青果物共選施設は、その主機能が等階級の格づけにあること、個別経営レベルでは所有が不可能なことなど、稲作共同利用施設とは多くの点で事業環境が異なる。また、農協の広域合併にともなう共選施設の不稼働資産化[6]、その一方で後述するような大型・高機能共選施設の増加という現状にあって、共選施設の経営、特にその赤字構造を解明する意義は大きい。

そこで、本章では以下の三点について検討する。

第一に、統計データなどを用いて近年の農協集出荷施設の整備動向を概観し、集出荷施設整備がどのような背景にもとづくものであるのかを検討する。

第二に、岡山県M農業協同組合（以下M農協と略称する）管内のHダイコン産地をとりあげ、1997年に統合して誕生した共選施設の事業計画、農業経営への影響を分析する。

そして第三に、赤字に陥っている当該施設の経営構造を分析し、改善方策を検討する。

第2節　集出荷施設整備の動向と背景

1　集出荷施設整備の動向

近年の急速な農協広域合併にともない、集出荷施設の統廃合も進められている。表補－1によれば、1集出荷組織あたりの施設数は若干増加傾向にあるものの、集出荷施設の実数自体は減少しており、農協の広域合併の速度にやや遅れながら統廃合が進められているという実態が窺える。その中、機械選別場だけが集出荷施設の中で増え続けており、注目すべき動きといえる。

そこで、以下機械選別場に見られる近年の特徴をあげる。その第一は、機能の高度・多様化である。表に示した1,141の機械選別場全体で、重量選別機が981台、形状・色・傷などの外観選別機が1,062台、内部品質選別機が77台導入されており、等階級格づけ作業全般に対する機械化の進展が窺える。また、在庫管理や精算の迅速化を可能にする電算処理機の導入も進んでいる[7]。

表補−1 種類別野菜集出荷施設と野菜集出荷組織数の推移

	集荷場	手選別場	機械選別場	集出荷施設数合計	集出荷組織数	1組織あたりの施設数
1985年	7,867	1,630	864	10,361	3,591	2.89
1991年	6,783	1,389	1,082	9,254	3,191	2.90
1996年	5,855	1,254	1,141	8,250	2,576	3.25

資料：農林水産省統計情報部「青果物集出荷機構調査報告」
注）ここでの集出荷組織とは、総合農協と専門農協を指す。

　第二は、施設の大型化である。例えば、本章で取りあげるダイコンの機械選別を行っている集出荷団体の平均出荷量は、1985年の350tから1996年には1,276tへと大幅に増えており、その他の野菜でも同様の傾向が見られる。また、1985年から1996年にかけて、機械選別場所有面積500m²未満の集出荷団体数が372から341へと減少する一方で、500m²以上所有集出荷団体数は304から422へと大幅に増えている[8]。
　以上より、農協は旧来の集荷場や手選別場を統廃合しながら、大型・高機能化した機械選別場の整備を進めているといえる。

2　集出荷施設整備の背景

　星が行った調査[9]によれば、農協による新規共選施設導入目的の第一位が「生産農家の省力化」、第二位が「産地規模の拡大」、第三位が「更新時期」、第四位が「マーケティング対応」となっている。
　第一位の「生産農家の省力化」に関しては、二つの側面がある。一つは、農協が選別・調製・包装などの作業代替（補完）を行うことによって発生する農家の労働時間削減であり、もう一つは、これにともなうコストの削減である。農林水産省統計情報部による「平成9年産青果物集出荷経費調査報告の概要」も、「選別・荷造主体が"すべて生産者"である場合の方が、"すべて集出荷団体"である場合よりも集出荷経費が大きい。この要因は"すべて生産者"である場合の方が、選別・荷造労働費が格段に大きいことによる。」として、農家が選別・調製・包装作業などを外部化することが、合理的な経営行動であることを示唆している。

一方、第四位の「マーケティング対応」に関しては、大型・高機能化した共選施設によって、品質・規格の揃った商品を、市場規模に応じて一定量、コンスタントに出荷することで価格形成を有利にするという、マーケティングの基本原則実現を企図している。

これら共選施設整備がもたらす省力化（選別等作業時間削減、選別等コスト削減）や販売単価の向上といった直接的効果は、波及効果を生みだしていく。新規共選施設導入第二位の目的である「産地規模の拡大」という今日的産地形成の課題に応えるための農協の戦略も、まさにここにある。そこで、共選施設整備がもたらす効果とその波及モデルを図補－1に示した。

この図によれば、省力化にともなう選別等作業時間削減という直接的効果が農家に生産管理の充実や経営規模拡大といった経営行動の変化をもたらし、農業所得の増大へと結びつく。また、販売単価の向上や選別等コスト削減は、それ自体が農業所得増大につながる。共選施設整備は、農家が農協に出荷・販売を委託するインセンティブを強く与えるものといえよう。加えて、経営規模の拡大（生産量の増大）も企図するものであるから、産地の大型化への対応に大きく寄与すると考えられる。さらに、それらを通じた共選施設の集荷力向上は、より一層の市場の信頼獲得、あるいは、施設のさらなる投資などももたらすだろう。

加えて、共選施設整備の目的には、共選施設経営の改善にもその主眼があると考えられる。大型・高機能化（機械化）した施設による、経営費の削減、集荷力の向上、そしてスケールメリットの実現は、少なからず共選施設経営に効

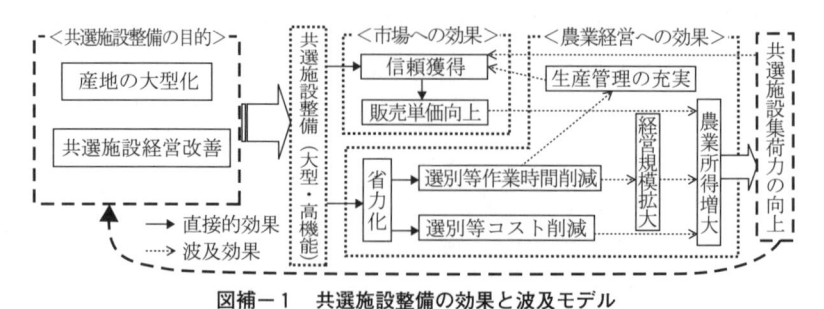

図補－1　共選施設整備の効果と波及モデル
資料：JA全農施設・資材部 [4]、p.328の図を加筆・修正して作成。

果をもたらすものと考えられる。事実、新規共選施設を導入して良かった点の第二位が「人件費の削減」、第四位が「運営費の削減」と、共選施設の経営に関する項目が上位にあげられている[10]。

では、実際に共選施設整備はどのような効果をもたらすのか、また、農協の施設経営は改善されうるのかについて検討するために、岡山県M農業協同組合管内のHダイコン産地における共選施設を事例として分析する。

第3節 新共選施設の事業計画と統合効果

1 事例産地の概況

事例とするM農協は、岡山県北部に位置する1993年に誕生した広域合併農協である。管内は、総人口34,440人、総農家数4,092戸、総経営耕地面積4,222ha、高齢化率25.2％の農山村地域である。

管内北部の高原地帯は県内有数の農業地帯であり、この地でつくられるダイコンはHダイコンと呼ばれている。産地は1950年代より歴史を有し、1966年の国の指定産地制度[11]開始とともに夏ダイコンの指定産地となり、以降、西日本有数の大型産地として継続してきた。1966年に指定を受けた夏ダイコン産地の中で、現在まで継続している産地は当地を含めて二つしかない。また、現在の夏ダイコン指定産地の平均継続年数は約15年である[12]。当産地は、長期継続優良産地といえよう。

しかし、図補−2から明らかなように、1990年代以降収穫面積、販売金額ともに激減している。その主な要因としては、①夏場の高温化や連作障害の多発による収量・品質の低下、②北海道産などとの産地間競争の激化、③農家の高齢化と離脱、などがあげられる。それでも、現在なお出荷量は年間約3,000tの水準にあり、先に述べたように機械選別集出荷団体の平均出荷量が1,276tであることを考えれば、当産地は大型産地として位置づけられる。

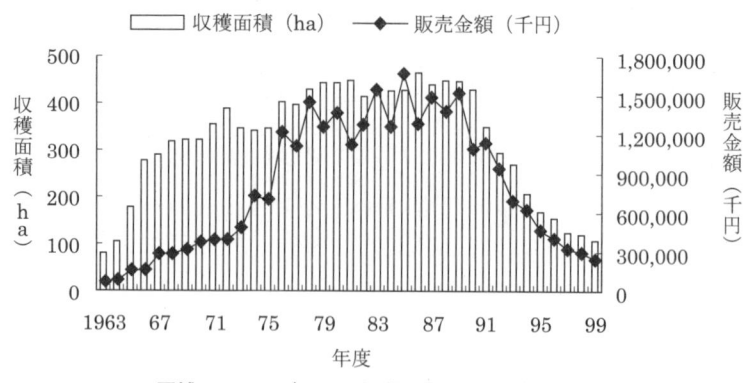

図補−2　Hダイコン収穫面積・販売金額の推移
資料：「平成11年度青果物販売反省会資料」M農業協同組合

2　統合の背景と新施設の計画

　M農協では、1990年代以降産地の衰退傾向が顕著になったため、4施設あった手選別場を3施設に減らした。その一方、1994年度より国の補助事業を導入し、高品質生産技術や省力栽培技術の確立に向けた取り組みが始められた。この取り組みと並行して、1995年7月の理事会の内定により、3施設を集約した機械選別場を新施設として導入することとなった。新施設に導入される主な機械は、選果機（外部検査と個人出荷データ管理可能）、非破壊内部検査機、洗浄機である。これらを導入することによって得られる効果として、次の四点があげられている。

　第一には、施設の人件費削減とそれにともなう利用料金の引き下げ、第二には、共選施設間のバラツキがなくなることによる有利販売の実現、第三には、厳密な機械選別による市場評価・農家所得の向上、そして第四には、生産者個人別出荷データ集積によるきめ細かい営農指導である。

　当産地では、1960年代後半より共同選別方式を採用し、共選施設の労務はすべてパート作業員に依存していたため、農家出役は一切なかった。そのため、共選施設の統合による農家の労働時間削減効果は発現しなかった。むしろ、農家によっては、統合によって輸送距離が長くなり労働時間が増えた[13]。このため、品質の劣化によって失った市場の信頼回復と、合理化による利用料金の引き下げに主な狙いがあり、これらによって農家の所得向上を実現し、集荷力を

高め、大型産地としての維持を図る戦略がベースにあったといえる。

　一方、実際の事業・収支計画の概要を表補－2に示した。この計画は、①農家へのアンケート調査にもとづいて受益面積を150haに決定、②受益面積から年間総処理量を算出し、実稼動日数を110日として1日あたりの処理量を算出、③1日あたりの処理量をもとに、施設の規模（投資額）を決定、④施設の規模、実稼動日数等から経営費を算出、⑤経営費から収支バランスが取れるように利用料を決定、といった手順を踏んで策定された。しかし、この事業計画にはいくつかの問題がある。

　第一の問題は、計画の根幹となった受益面積150haについてである。確かに計画当時の1995年の作付面積は165ha、96年は155haであった。しかし、当時M農協が行ったアンケート調査結果には、高齢農家を中心として規模縮小・離脱意向が強く示されており、操業開始予定の1997年の作付規模は約130ha、その後漸減的に産地規模は縮小していくという結果が出ていた。それでも150haという事業計画が採用されたのは、若年層の規模拡大と系統外出荷農家の施設利用を見込んだためであった。しかし、これは希望的予測であったといわざるをえない。労働時間削減に効果のない新施設において、すでに労働力をフル活

表補－2　新施設の事業・収支計画

【受益面積】150ha		＜初年度（1997年）収支計画＞	
【年間計画総処理量】47.3万ケース			
規格内：45.6万、規格外：1.6万		収入（利用料）	50120
【実稼働日数】110日	変動費	人件費	22440
【1日あたり処理量】43.6t		光熱費	1124
【1時間あたり必要処理能力】6.1t		修理費	772
		資材費	500
		小計	24836
【事業総額】206,320,000円	固定費	減価償却費	11438
国補助金　　103,160,000円		借入金利子	3653
農協負担金　109,349,600円		その他	10193
（近代化資金借入80％）		小計	25284
【利用料金】		支出合計	50120
規格内：95円、規格外：400円			

注）M農協への調査をもとに作成。

用している若年層農家が経営規模を拡大するのは困難であるし[14]、系統外出荷農家は任意組合を結成して独自の販路を確立しているとともに、高齢化のため現状維持志向が強く、系統出荷に意欲的ではなかったからである[15]。

　第二の問題は、稼働日数を110日と想定したことである。これは、出荷期間を6月5日から10月31日までの149日間とし、市場の休みを考慮して算出されている。しかし、Hダイコンの出荷期間は6月初旬から11月中旬までであり、1994年が126日、95年が124日であった。さらに、統合後も同様に125日前後の稼働日数で推移しており、出荷期間の集約化は果たされていない。このように稼働日数が少なめに設定されたことにより、1日あたりの必要処理能力が高く算出され、事業規模が適正より大きく見積られることとなった。

　そして第三の問題は、利用料についてである。つまり、第一、第二のような問題を抱えた事業計画のもとに経営費が算出され、収支均衡を図るよう設定された利用料は、1ケースあたり規格内品が150円から95円へ、規格外品が450円から400円へと引き下げられることとなった。

　これらの問題からは、事業計画担当者の苦しい事情が推察される。一つは、今日的な産地形成の使命が産地の大型化である以上、少なくとも現状維持が可能な事業規模が求められることである。いま一つは、統廃合にともなう明確なメリットを利用者に示す必要があることである。しかしながら、次節で明らかにするように、この事業計画が新施設における赤字構造の最大の要因となった。

3　統合が及ぼした農業経営への影響

　このような問題を抱えながら、1997年に新施設の建設が完了し、操業が開始された。では、この新施設が農業経営にどのような効果を与えたのか見ていく。

　まず、販売単価に関しては、統合前3年間（1994～1996年）の平均は87.3円／kg、統合後3年間（1997～1999年）の平均は90.8円／kgとなっており、大きな変動はない。そこで、よりはっきりと新施設の価格への効果を見るため、岡山市中央卸売市場と大阪市中央卸売市場におけるHダイコンの平均単価を、国内随一の生産量を誇る北海道産のものと比較して表補－3に示した。この表からは、6月に関しては効果があったように見えるが、その他の月に関しては

表補－3　北海道産と比較したHダイコン平均単価の推移

(単位：円/kg)

出荷月	岡山市中央卸売市場 統合前 (1994～1996年) Hダイコン	岡山市中央卸売市場 統合前 (1994～1996年) 北海道産	岡山市中央卸売市場 統合後 (1997～1999年) Hダイコン	岡山市中央卸売市場 統合後 (1997～1999年) 北海道産	大阪市中央卸売市場 統合前 (1994～1996年) Hダイコン	大阪市中央卸売市場 統合前 (1994～1996年) 北海道産	大阪市中央卸売市場 統合後 (1997～1999年) Hダイコン	大阪市中央卸売市場 統合後 (1997～1999年) 北海道産
6月	96.4	108.3	98.4	82.3	101.3	110.0	99.2	98.0
7月	89.1	106.0	79.0	110.0	94.0	110.3	79.7	98.7
8月	83.0	112.3	93.2	142.7	93.8	116.7	106.9	125.7
9月	92.2	120.3	112.1	161.3	87.8	116.3	107.6	139.3
10月	91.6	82.0	108.4	167.7	93.7	101.0	102.0	133.0
平均	90.5	105.8	98.2	132.8	94.1	110.9	99.1	118.9

注1）Hダイコンの平均単価は、岡山市中央卸売市場に関しては、岡山丸果の卸値を、大阪市中央卸売市場に関しては、大果大阪の卸値の値を用いた。資料は、「青果物販売反省会資料」M農協協同組合を用いた。

2）北海道産の平均単価は、岡山市中央卸売市場に関しては、「岡山市中央卸売市場年報」の北海道産平均単価（ただし、1997、99年の6月は北海道産の出荷がなかったため、青森産の平均単価）を、大阪市中央卸売市場に関しては、「大阪市中央卸売市場年報」の大阪市3中央卸売市場における北海道産平均単価を用いた。

北海道産との価格差は変わらない、あるいは広がったとみることもできる。もちろん、機械による厳密な選別は市場関係者の評価を得ている。しかし、近年の連作障害は、特に夏場のダイコンの品質を著しく劣化させている。そうしたダイコンを機械による強選別にかけることは、表補－4に示すように、秀品率（等級のよい商品の割合）の低下や規格外商品率を高める要因となっており、結果として販売単価に対してはあまり効果が現れていない。

次に、利用料金の150円から95円への引き下げが、農業経営に与えた効果を検討する。表補－4によれば、統合後の10aあたり平均出荷ケース数は約260である。産地農家の平均経営規模は約3haであるから、55円利用料金が引き下げられたことによって、260×30（出荷ケース数）×55（円）＝405,000（円）程度の所得効果が農家1戸あたりに対して生み出されたことが推計される。ただし、新共選施設移行後に農家の所得は増えていない。その一つの要因として強選別が考えられる。この点について考察するために、まず、現在の規格体系を述べておこう。共選施設においては、秀・丸秀という二つの等級、および2L・L・Mという三つの階級を組み合わせた6通りの規格内品と、それらに合致し

表補－4　統合前後でのHダイコン規格別出荷状況

	年度	作付面積	出荷ケース 規格内(%)	規格外(%)	総数(箱数)	秀品率(%)	10aあたり出荷ケース数	10aあたり平均出荷ケース数
統合前	1993年	270ha	—	—	696,514	—	258.0	291.9
	1994年	207ha	96.4	3.6	644,568	—	311.4	
	1995年	165ha	94.4	5.6	520,229	—	315.3	
	1996年	155ha	89.6	10.4	438,822	68.9	283.1	
統合後	1997年	126ha	91.6	8.4	317,933	68.0	252.3	257.1
	1998年	120ha	87.7	12.3	302,885	60.4	252.4	
	1999年	107ha	88.2	11.8	283,794	65.3	265.2	
	2000年	105ha	86.4	13.6	271,198	61.6	258.3	

資料：1993～2000年度「青果物販売反省会資料」M農業協同組合、および同農協への調査にもとづく。

注）—は、不明なものを表す。なお、1993～96年の秀品率の欄が—となっているのは、96年以降の秀品の分類とは異なるからである。

ない規格外品の計7通りに分類される。規格内品はダイコン8～12本で、規格外品は18～22本で1ケースを構成する。前者は95円、後者は400円の利用料となっている。後者の料金が高いのは、非破壊内部検査機によって発見された内部の生理障害を除去するため、切断という前者にはない作業が加わることと、ペナルティーの意味合いからである。表によれば、10aあたりの平均出荷ケース数は、統合後約30ケース減少している。これが、強選別の影響と考えられる。つまり、新共選施設操業後規格外品の割合が増える中で、その高い利用料を避けるために、農家が収穫段階での圃場廃棄を増やしていると考えられる。現在の平均単価は、90.8円／kg（1ケースは10kg）であるから、908（1ケース平均単価）×30（出荷ケース減少分）×30（平均経営規模）＝817,200円、少なくとも農家は約80万円分所得を減らしている。よって、先に述べた利用料金引き下げの効果は完全に打ち消されることになる。しかし産地として、10aあたり出荷ケース数減少の一因[16]と考えられる強選別を緩和する考えはない。それは、以下のような方針のためである。第一は、長期的な視点に立った場合、厳密な選別は実需筋との信頼関係を構築していく上で重要だからである。第二は、強選別をクリアした上位規格商品（秀品など）の高単価での販売を目指し、産地ブランドを高めようと考えているからである（事実、秀品の北海道産等との価格差は縮まった、あるいはなくなっている）。

ただこのような方針の下、中核農家が3名ほど系統出荷から離脱している点には注意しておかなければならない。農家が所得を向上させるには、今まで以上に品質を向上させる必要があり、農協には新施設の強選別とリンクした営農指導等が求められる。現在でも、先に述べた新施設の新たな機能である生産者個人別出荷データを活用し、部会を通じた収量の高い品種への作付特化の指導、また、有望品種早期確立のため、一部農家に対して数品種ずつを割り当て栽培試験を試みているが、目に見える確かな効果は現れていない。

このように、図補-1の中に示した共選施設整備の目的の二つの柱のうち、産地の大型化への対応は、農家の所得面への効果が現れていないため実現が困難な状況にある。次節において、もう一つの柱である共選施設の経営改善について検討する。

第4節　統合共選施設の赤字構造と対応策

1　統合による事業収支の変化

施設の稼働状況を見ると、統合前（1995年度）は、稼働率34.2％、操業度48.0％、ピーク時日操業度93.4％、年間利用度60.0であった。統合後（2000年度）は、それぞれ33.4％、55.6％、120.4％、67.8となっている[17]。稼働率を除けば、それらの数値は統合後高くなっている。また、統合後のピーク時日操業度は100％を超えており、延長して対応していることを示している。さらに、ピーク時にも処理能力を大きく上回らない範囲に保つためには、施設の年間の操業度は40～50％が限界との指摘もあり[18]、稼働状況という点に限れば、施設の集約化によって改善されている。

表補-5には、事業収支の動向を示している。統合前後で大きな変動があった勘定科目は三つある。第一は収入（利用料）で、出荷ケース数が減少したことや、利用料金の引き下げを主な要因として大幅に低下している。第二は人件費で、統合前には123名いたパート作業員を49人まで減らすことが可能となり、半数以下にまで減少した。そして第三は減価償却費である。統合当初は定率法

表補－5　統合による事業収支の変化

(単位：千円)

		統合前	統合後			
		1994年	1997年	1998年	1999年	2000年
①収入（利用料）		103,647	38,444	39,487	37,746	38,130
変動費	人件費	78,217	31,279	29,227	26,522	26,310
	光熱費	2,125	1,647	1,558	1,648	1,225
	修理費	1,397	1,191	198	1,636	3,739
	資材費	1,273	868	352	133	0
	その他	3,729	3,373	3,552	3,862	1,401
	小計	86,741	38,358	34,887	33,801	32,675
固定費	減価償却費	11,566	11,438	9,940	8,675	7,580
	借入金利子	398	3,653	3,409	3,165	2,922
	その他	9,454	10,673	10,673	10,641	10,577
	小計	21,418	25,764	24,022	22,481	21,079
②支出合計		108,159	64,122	58,909	56,282	53,754
①－②		-4,512	-25,678	-19,422	-18,536	-15,624
出荷ケース数		644,568	317,933	302,885	283,794	271,198
1ケースあたり共選コスト(円)		167.8	201.7	194.5	198.3	198.2

注1）1994年度の変動費および固定費は、新選果場をつくるにあたって作成された「既設選果経費明細」をもとに、筆者が仕訳した。
　2）1994年度の収入は、調査で明らかにできなかったため、筆者が出荷規格内外別の出荷ケース数をもとに算出した。
　3）1997～2000年度の収入および変動費は、「利用（大根選果場）事業決算調書」をもとに、筆者が仕訳した。
　4）1997～2000年度の固定費は、本会計の中に組み込まれており、選果場分だけを分離できなかった。そのため、新選果場を建設するにあたって作成された「新選果場収支計画書」をもとに、稼働日数などを考慮しながら筆者が算出した。
　5）固定費におけるその他の額が大きくなっているが、これは職員の人件費、電気の基本料金、パートの福利厚生費などで構成されている。

計算のため費用が大きかったが、現在の水準を固定費全体でみると統合前より小さくなっている。にも関わらず、支出合計を出荷ケース数で割った1ケースあたり共選コストは統合前よりも大きくなっており、経営効率が悪くなったことを示している。収支差損が順調に回復しているように見えるのは、固定費が減少しているからではなく、収入（利用料金）が出荷量の減少にも関わらず維持されているからである。これは、表補－4に示した規格外品が増えたことに

起因している。先に述べたが、規格外の利用料は400円に設定されている。統合後、規格外品の割合は10％を越える水準で推移しており（1994年は3.6％）、産地にとっては好ましくない規格外品が、事業の赤字削減に効果を発揮するという皮肉な事態が起きている。もともと、統合前は1ケースあたり150円の利用料金を徴収し、1ケース処理することによる赤字は約20円だったが、現在は適正徴収額と大きく乖離しており、1ケースあたりの赤字は約100円となっている[19]。しかも、農家の苦しい経営に配慮して、利用料金を上げるのではなくさらに下げる方向で検討しており、恒常的赤字が今後も続くと考えられる。

2 統合共選施設の赤字構造

統合共選施設の経営構造を計画時と比較しながら模式的に表すと、図補－3のようになる。総費用曲線は、計画時のTC_1と実際のTC_*を併記している。計画では、(x_1, y_1)点でTR（総収入直線）とTC_1（予定総費用曲線）が交わり、収支均衡が図られるはずだった。ところが、実際には出荷ケース数が予定よりかなり少なくなっているため、利用料収入はx_*の水準になっており、$(y_*^2 - y_*^1)$分だけ赤字が出ている。これは、先に述べた10aあたり出荷ケース数の減少がその要因の一つである。当然、このことは事業計画の中に想定されていなかった。しかし、仮に10aあたり出荷ケース数が統合前の水準に維持されていたとしても、出荷ケース数は約3万ケースしか増えない。ゆえに、予定より約20万ケース出荷が不足している現状は、アンケート調査結果通りの産地縮

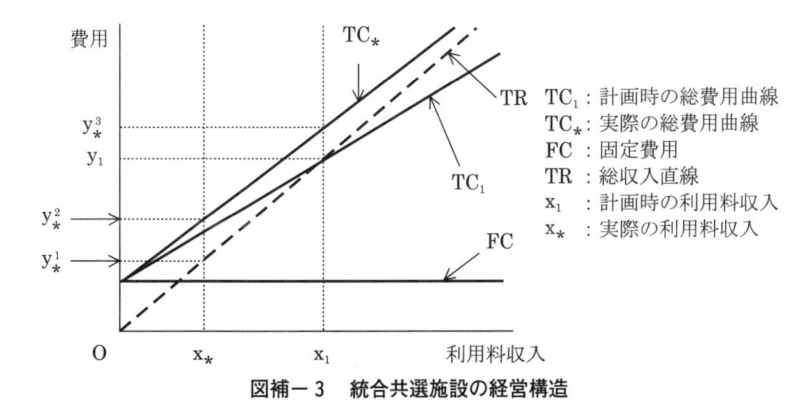

TC_1：計画時の総費用曲線
TC_*：実際の総費用曲線
FC：固定費用
TR：総収入直線
x_1：計画時の利用料収入
x_*：実際の利用料収入

図補－3　統合共選施設の経営構造

小の反映であり、事業規模が妥当性に欠けていたことに本質がある。つまり、($x*$, $y*^1$) 点を総費用曲線が通るように、事業規模を決定しておかなければならなかったのである。

このように事業が適正規模から乖離した背景として、次の三点が指摘できる。第一には、全国的な産地の大型化、産地間競争の激化の中で生き残りを図るには、少なくとも現状維持が可能な事業規模が求められることである。第二には、系統外出荷農家へ配慮せざるをえなかったことである。彼らは系統出荷には参加していないが、農協の正組合員である。よって、彼らの出荷余地を全くなくすような事業規模は、農協として選択できなかった[20]。そして第三には、事業の半額が補助金で賄われることである。つまり、第一、第二のような事業大型化の必要性の中で、半額負担で済む施設取得に対し、農協内部のコスト意識が低下したことが推測される。事例共選施設の規模は、これら規模の大型化への誘因と、産地は衰退するというアンケート結果の現実の中で、ギリギリの線として選択されたものといえよう。

これに、収支計画を大幅に上回る水準で支給されている人件費（パート代）、という赤字要因が加わる。表補－2の収支計画における人件費 22,440 千円は、出荷量を約 47 万ケースと想定したもとで算出されている。表補－5の 2000 年度における人件費 26,310 千円は、出荷量約 27 万ケースのもとでの実支出である。つまり、仕事量は少ないのに人件費は大きいという矛盾した現象が起きている。よって、図に示したように、現在の総費用曲線 $TC*$ は計画時の総費用曲線 TC_1 より上方にあると考えられ、利用料収入が x_1 にまで増えたとしても、($y*^3 - y_1$) 分だけ赤字が出ることとなる。

3 共選施設パート作業員の賃金体系

表補－2に示した収支計画における人件費（パート代）22,440 千円は、男性6人、女性 33 人を共選施設操業に必要な労働力とし、前者には日当（8時間労働）6,500 円、後者には日当（8時間労働）5,000 円、施設の稼働日数を 110 日として算出された。一方、現在は、男性 15 人、女性 34 人を雇用しており、前者は時給 690 円（8時間労働で 5,520 円）、後者は時給 600 円（8時間労働で 4,800 円）の

賃金が支給されている。この賃金水準自体は決して高いものではなく、収支計画よりも低く抑えられている。また、時給制であるため、稼働日数が伸びたとしても、仕事量自体が減少しているので収支計画よりも人件費は下がるはずである。それにも関わらず高い水準で人件費が推移しているのは、以下に示す理由のためである。

　第一は、上述した基本給に加えて、予定にはなかった現場手当が加わっていることである。これは、作業の熟練度（基本的には雇用が長くなるにつれ）に応じて1日1,000円以内で支給される、いわゆる能力給である[21]。例えば、2000年度の8月において、パート作業員への合計支給が3,867,426円であったのに対し、現場手当の支給は496,650円と約13％を占めた。第二は、計画には計上されていなかった休業補償の支給が増えていることである。これは、出荷不足による急な休み、あるいは1～3時間程度の作業で仕事が終わった場合に、半日分を支給するシステムである。特に、1日あたりの出荷量が減少する7～9月の間にその支給が増えている。第三は、共選施設が余剰労働力を抱えていることである。収支計画において39人が操業に必要な労働力とされたのに対し、現在の雇用人数は49人である。このうち6人は、本来トマトの共選施設作業員であるが、トマトの出荷期間は7月～11月で、短期雇用保険を適用するためには6ヶ月程度の雇用期間が必要なため、6月だけダイコンの施設で雇用している。また、6人がトマトの施設に移った後も、基本的に43人の労働力で操業されている。つまり、常時4人程度の余剰労働力を抱えている。これは、パート作業員の急な休みなどによって、施設の操業に支障が生じるのを避けるための措置であるが、彼らに対しても当然賃金は支払われている。

　これら収支計画には想定されていなかった能力給、休業補償の支給、そして余剰労働力の存在など[22]による人件費の増嵩は、農協を取り巻く二つの状況を反映したものといえる。一つには、共選施設作業が肉体作業であり、ある程度の賃金体系を用意しなければパート作業員が集まりにくいこと、もう一つには、地域における雇用機関としての役割を果たそうとすることである。特に後者に関して、49人のパート作業員を年齢階層別に示せば、20歳代が2人、30歳代が1人、40歳代が2人、50歳代が4人、60歳代が22人、70歳代が13人となってお

り、65歳以上の高齢者が全体のおよそ半分を占めている。つまり、当該施設は雇用機会の少ない高齢者の受け皿としての役割も果たしている。ただし、この高コスト構造は農家利用者に対して、利用料金の増額として跳ね返る可能性をもっている。ところが当施設においては、実費手数料方式を採用せず、前述したように統合時に利用料を引き下げて固定化している。このため、当施設の赤字には、組合員の利用しやすい施設であり、かつ、地域の優良な雇用機関でもある、という二つの目的を果たすために、農協が負担しているという側面がある。そして冒頭で述べた総合採算性という農協の経営体質が、これを支えているといえよう。

4　赤字の改善方策

以上より、集荷力の向上と人件費削減という視点から、当該施設の赤字改善方策を検討する。

前者に関しては、事業計画の中にあった系統外農家の共選施設利用が期待される。先にも述べたが、新施設の操業後中核農家が3名、また、高齢農家が10名ほど離脱している（廃業を早めた）。特に、高齢農家が離脱した要因は、施設までの距離が遠くなることにあった。これに対しては、圃場から施設までの輸送代替サービスという事業展開が考えられる。本来、施設統合の段階で検討しておくべき事業であるが、今後の農家の離脱を防ぐ意味からも、重要な取り組みといえよう。

後者に関しては、事業採算性を確保した上で雇用機関としての役割を果たすという姿勢が農協には求められる。よって、現在の雇用条件に関しては見直しが必要であろう。また、雇用条件の見直しと関連して、当施設においては作業体系の改善努力がなされるべきである。パート作業員のさらなる能力向上を求め、作業の合理化を進め、余剰労働力を今述べた輸送代替サービスに回せば、仮にリストラ・賃金カットをせずとも、集荷力が高まることによって経営は合理化されるであろう。また、出荷ピークの6月には、特に多くの余剰労働力を抱えている。この月だけでも、輸送代替サービスを供給することが望まれる。

この他に、共選施設単独の財務管理を行うことが、赤字削減に有効な手段と

考えられる。当施設の場合、単独で行っている決算調書では利用料と変動費分しか扱っておらず、固定費分は農協本会計の中に組み込まれている。そのため、共選施設の決算調書では黒字が計上されており、当施設の担当職員でさえ、実際の赤字額を正確に把握できていない。このような状況を放置しておけば、コスト意識が生まれず赤字が固定化し、かつ改善の糸口が見出しにくいため、雪だるま式に赤字が増加していくことが推測される。まさに、組合員に対する背信行為と指摘されてもおかしくない事態に行き着くことになろう。

第5節　むすび

　本章では、全国データより農協が大型・高機能化した共選施設の整備を進めている実態を明らかにするとともに、その目的には、産地の大型化への対応と共選施設経営の改善という二つの柱があることを明らかにした。

　産地の大型化への対応に関しては、共選施設整備による農業経営への所得面での効果が重要だが、事例施設では明確な効果が発生していなかった。このことは、共選施設整備というハード事業だけでは今日的産地形成の課題に応えることは難しく、輸送代替サービスや営農指導、そしてマーケティング対応など、ソフト面での対応を十分に組み込んだ事業展開が必要なことを示唆していよう。

　共選施設経営の改善に関しても、事例施設ではやはり実現されていなかった。当該施設が赤字経営に陥っている要因は、出荷予定量を過大に見積った事業計画と、収支計画を大幅に上回る水準で支給されているパート作業員の人件費にあった。後者についても、雇用条件の見直しが必要なことはすでに述べたが、より根元的には、能力給や休業補償を想定していなかった事業計画の問題だということができる。

　近年の農協は、「地域農業振興の司令塔」として位置づけられるなど、地域農業振興において積極的な役割を果たすことが期待されている。産地が急速に衰退する中で、35年の償却期間を要する施設取得が行われた当事例も、その責務遂行のための強い意思表示だったと見なすことができる。しかし、総合採算性

が厳しく問われ、組合員の多様化も進んでいる現状にあっては、地域農業と関連が深い共選施設利用事業においても赤字は許されない。農協には、高度なマネジメント能力、特に精緻な事業計画策定能力の具備が必要といえよう。

【注】
1) 本章における共選施設とは、選別・調製・包装などが行われる手選別場と機械選別場を指し、集出荷施設とは、共選施設に集荷場（主に荷集めに使われる）を加えたものを指すものとする。
2) このような指摘は、板橋［2］において行われている。
3) JA全農施設・資材部［4］、p.314などを参照。
4) このような研究として、高田［5］、横溝［8］、平泉［6］などがあげられる。
5) ただし、JA全農施設・資材部［4］においては、共選施設の運営問題について解説が行われており、その中では、赤字に陥っているものも含めいくつかの共選施設の経営が紹介されている。
6) このような指摘は、青柳［1］などにおいてなされている。
7) 機械選別場の選別機に関するデータは、農林水産省統計情報部「平成8年青果物集出荷機構調査報告」をもとにした。また、電算処理機の導入に関しては、星［7］において指摘されている。
8) 機械選別を行っている集出荷団体の平均出荷量、および機械選別場所有面積のデータは、ともに農林水産省統計情報部「前掲統計」を参照した。ただしこれらのデータには、統計の都合上、総合農協と専門農協以外に任意組合の値も含まれている。なお、前者の拡大傾向に関しては、ダイコン以外に、タマネギ、トマト、キュウリ、ネギなどで見られる。
9) 星［7］の中では、1989年以降に4,000万円を超える共選施設への投資を行ったと思われる農協に対してアンケート調査が行われており、ここではその結果を参照した。
10) 星［7］のアンケート調査結果を参照。一位は「販売単価に反映」、三位は「共販率の向上」などとなっている。
11) 同制度は、1966年に制定された野菜生産出荷安定法にもとづいており、作付面積、指定消費地域への出荷量割合、共同出荷組織による出荷割合の三つの要件を満たすことによって指定を受けられる。これらに関しては、今井［3］において詳しい。
12) これら夏ダイコン産地に関する実態については、中四国農政局、野菜生産課への調査にもとづいている。
13) 三つあった共選施設のうちの、二つの施設の中間的な位置につくられた。このため、

その二つの施設に出荷していた農家約50戸は、輸送時間に大きな変動はなかったものと思われるが、残りの一つの施設に出荷していた農家約20戸は、隣村まで輸送しなければならなくなり、労働時間が増えた。

14) 実際には、共選施設の新設と並行して省力化技術（コーティング種子を用いた定量播種による間引き作業の軽減）の開発が行われており、農協が若年層の規模拡大を見込んだ要因の一つもここにあった。しかし、農家によっては輸送時間が増えたこと、また、農家が最も重労働を強いられている収穫作業の軽減が図られなかったため、規模拡大への強いインパクトとはならなかった。

15) 現在、系統出荷農家の平均年齢が52歳、系統外出荷農家の多くは60歳代、70歳代で、それより若い世代はほとんど見られない。彼ら高齢の系統外出荷農家が系統出荷に参加し、従前と同じ所得をあげるには、当然規模の拡大が必要となる。しかし、規模の拡大は重労働である収穫作業の増加を意味し、高齢農家が意欲を示さないのは容易に想定される。

16) その他の要因としては、そもそも連作障害によって収量が下がっていること、共選施設において規格外にも格づけできない廃棄品が増えていることなどがあげられる。

17) M農協への調査によって得たデータをもとに、各指標は以下の式をもって算出している。稼働率（％）＝（稼働日数／365）×100、操業度（％）＝｛年間総処理量／（1日あたり処理能力／稼働日数）｝×100、ピーク時日操業度（％）＝（最大処理日の処理量／1日あたり処理能力）×100、年間利用度＝操業度×稼働日数／100、なお、これら算出方法はJA全農施設・資材部［4］、p.78を参照した。

18) JA全農施設・資材部［4］、p.78を参照。

19) 正確な意味での1ケースあたりの赤字額は、平成12年を例に取れば、95×0.864（規格内品の割合）＋400×0.136（規格外品の割合）－198.2（1ケースあたり共選コスト）＝－61.7円となり、本文中の額より小さくなる。

20) 実際に、任意組合が多数存在している地域の行政サイドから、彼らへ配慮するよう農協に要望が出されている。

21) 現在、新人を除くほぼ全員に支払われている。また、その額も満額の1,000円を支給されているパート作業員が多い。よって、パート作業員の時給は男性で約800円、女性で約700円といえる。

22) この他に、事業計画に比べて時給の高い男性パート作業員が多くなっていることも、人件費高騰の主要因である。

【参考文献】

［1］青柳斉「JA危機の今日的意味と対応方向」『農業と経済』、第68巻第5号、2002

［2］板橋衛「合併農協にふさわしい事業再編に挑む農協像」三国英実編著『地域づくりと

農協改革』、農山漁村文化協会、2000
[3] 今井良伸「野菜をめぐる制度的諸問題」『農業と経済』、第58巻第4号、1992
[4] JA全農施設・資材部『共選施設の手びき』、1994
[5] 高田理「カントリーエレベーターの経営と農家の利用組織」『農林業問題研究』、第13巻第4号、1977
[6] 平泉光一「共乾施設の荷受方式と稼働実態」『農業経営研究』、第30巻第1号、1992
[7] 星勉「青果物共選施設整備におけるJAの取り組み状況とその考え方」『農―英知と進歩―』、NO.239、1998
[8] 横溝功「カントリーエレベーターにおける利用料金設定のメカニズム」『農業経営研究』、第22巻第2号、1984

資料 I

Structure and Characteristic of Democratic Control in Agricultural Cooperatives

1 Introduction

In agricultural cooperatives (abbreviated to JA in the following), a member has three characters of an owner, a user, and a management person. But in today's JA, the character of member as a management person is weak. Officials and employees are leading management. In order for JA to develop stably, a management system based on active participation of its members must be built up. It is thought that such a management system will raise a member's sense of belonging, and promote use of JA business.

This paper takes up the Hadanoshi Agricultural Cooperative (abbreviated to JA Hadano in the following) as a case. In this JA, the direct democracy in management is encouraged for and member's activity is performed actively. The purpose of this paper is considering the reform direction of JA management through a case analysis of JA Hadano. In the following, firstly, a basic direction of the management reform in JA is considered. Secondly, the management structure of JA Hadano is considered. The characteristic of the management in JA and sectional meetings are considered.

2 Reform Viewpoint of JA Management

(1) Today's problems of JA management

As mentioned above, a member of a cooperative has three characters. Particularly, the character as a management person is important. About this point, "Democratic member Control" which is the second principle of the cooperative principle decides, "Cooperatives are democratic organizations controlled by their members, who actively participate in setting their policies and making decisions". So, a member of a cooperative has the right and responsibility of making an intention reflect to management. Such positioning is not given to a customer or a stockholder in companies, such as an incorporated company. It can be said to be an important factor that specifies the competitive environment of cooperatives.

But in today's JA, there are few members who recognize themselves to be a management person. For example, in a questionnaire, a member raises "the selling price of agricultural products is cheap", "the price of production materials is expensive", etc. first of all, as dissatisfaction with JA business. It is the total voice of a user. We cannot observe any awareness that they are managing the business, which makes them feel such dissatisfaction. For a member, JA is only one of the purchase places of goods or services. And members who break off relations with JA without saying anything are also increasing in number.

Such a situation can be regarded as the fall of member loyalty, because loyalty has the function to delay "exit" and to activate "voice"[1]. Further, the existence becomes strong when there is expectation that the organization can be reformed. In the following, we point out about the background to the fall of member loyalty.

Firstly, it is broadening of JA. A member has the voting rights of a one man one vote. But the relative value falls with the increase in the number of members. Also, many JA have adopted the system of representative meetings as the highest decision-making body. This is required in order to make decisions efficiently. However, unless a system that complements indirect democracy is built, the break down of the member's character as a management person will progress.

Secondly, it is diversification of a member. JA has been asked to build a mechanism that can reflect the intention of various members. But such a mechanism has not been built. Especially, positioning a hamlet only as a basic organization must be improved, because also in a hamlet, diversification of the members and a fall in the sense of belonging are progressing.

Thirdly, there is expansion of the asymmetry of information among the members, officials, and employees. Information tends to concentrate with officials and employees with advancement and complication of management. Such is unavoidable. However, information serves as the source of individual capability or power in an organization. JA must build a suitable mechanism of information disclosure.

Because of this background history, the consciousness "JA cannot be reformed" is deeply ingrained in the members. It can be said that today's problem of JA management is how to build a mechanism for changing such consciousness.

(2) The necessity of educational activities

When building such a mechanism, educational activities are indispensable. Komatsu describes as follows[2], based on the indication which is "capitalism is the supreme product among products which human beings have produced unconsciously." by Takaaki Yoshimoto who is the representative thinker in our country. "Cooperatives have been continued under the purpose consciousness according to a time till today. From now on, unless the consciousness is maintained, being beaten by the unconscious product is assumed easily. The education to a member must be tackled in order to make consciousness maintain."

In our country today, social tendencies which have freedom and competition as keynotes have become strong. And, it is indicated that today is a time of "*barakeru*"[3]. "*Barakeru*" means people have a tendency to leave an organization and to act individually. At a time of such a social trends, if a member of JA cannot be continuously conscious of having a different principle from a company organization, or the meaning of cooperation, it will be difficult to avoid causing the situation which Komatsu points out.

By the way, generally the educational method has training (Off-JT) and experience learning (OJT). It is thought that Off-JT brings about various discoveries usually overlooked and the motivation to tackle new things. Such is the activity that JA should perform more positively. However, a management person will not grow up only by Off-JT, since it is difficult to hold them frequently. So, this paper pays attention to the education as OJT. Since OJT is performed daily with experience, it is considered to influence a member's consciousness continuously and deeply. The business and activity in JA are not mere business and activity, but must also stimulate a member's consciousness and must raise a management person. JA is asked to construct such a place or various mechanisms.

3 The Characteristic of Organizational Management in JA Hadano

(1) The outlook of JA Hadano

JA Hadano is in the city of Hadano located in the west of Kanagawa Prefecture. In 2004, the number of regular members was 2,591, and the number of associate members was 4,086. Associate members have increased, reflecting urbanization.

The marketing business quantity in 2003 was about 2 billion yen, cereals being about 50 million yen, vegetables about 280 million yen, fruit about 40 million yen, and flowers about 470 million yen. In this area, production of horticultural crops is prosperous. JA is promoting establishment of a morning fair and the local vegetable corner to a supermarket under the concept of "if there is no marketing, there is also no product." Especially the sales amount in "Hadano Jibasanzu" which is the outlet of agricultural products established in 2002 exceed 200 million yen, and are increasing further. Products of aged or female farmers are increasing, which has proved "if there is no marketing, there is also no product."

Not only these businesses but JA Hadano practices various other businesses and activities based on participation of a member. Supporting them are democratic control, especially direct democracy.

(2) The practices of direct democracy

There are mainly four practices that are performed by JA Hadano as direct democracy. Firstly, it is having adopted not a system of representative meeting but a system of general meeting. About 2,000 members participate in the general meeting every year. Associate members have also participated, there. The general meeting in which an official, an employee, and a member meet together is considered to be an effective opportunity for a member to perceive the management concept and organizational climate of JA. Probably, it has affected the upsurge in the members sense of belonging considerably.

Secondly, it is the discussion meetings in spring and autumn. In 86 halls, such meetings are held for three purposes twice a year. The first purpose is disclosure to the members. The second purpose is supplying a participation opportunity to JA management. The reply to opinions offered in the discussion meeting is performed through the public relations magazine. The third purpose is building the chance of member participation in organization activities. Over 700 opinions are offered every year in the discussion meeting held for these purposes. As an opportunity for making a member's intention reflected in JA management, it can be said that it is functioning effectively.

Thirdly, it is the visits to the members' houses by an employee once a month. This has four intentions. The first intention is strengthening of communication between a member and an employee. The second intention is building an opportunity for educating an employee. Also in JA Hadano, the employees who know neither agriculture nor a farm village are increasing. The visit to a member's house has created an opportunity for them to study these. The third intention is building the opportunity for support of cooperation activity. The employee is to receive for example an application of visitation from a women's organization, and an order sheet from a sectional meeting, etc. on the visiting day. The fourth intention is strengthening information disclosure. The public relations magazine that is published monthly is distributed on the date of issue through the visit to the members.

Fourthly, it is the election of JA officials. At present, there are 36 officials in JA Hadano. The average number of officials in national JA is about 20, so the number of officials in JA Hadano is higher. And, not only a hamlet but a sectional meeting, a women's organization, and a youth organization have been prepared as a frame of official election. Also in the executive organ, the mechanism for letting the making intentions of various members be reflected is being built.

(3) The organizational climate supporting democratic control

As mentioned above, while attempting for direct democracy, it is considered that three organizational climates should be established in JA Hadano.

Firstly, it is the climate of "speaking" among the members. Especially the utterance in a general meeting attracts attention. Many representative meetings are held without any representative's utterance. However, at the general meeting in JA Hadano, many opinions are offered by the members. It shows the fact that a member has sufficient information about the actual condition of JA, and has a high awareness of the issues concerning JA.

Secondly, it is the climate of "listening" in officials and employees. For example, in a discussion meeting, not only employees but officials, such as a president, are present. Without leaving right after the greetings, officials are present till the end of a meeting, and have participated in the argument. It can be said that this values hearing a member's voice directly.

Thirdly, it is the climate of "considering in the long term". The typical example is the savings for member's education. 350 million yen is saved over 17 years so that it can continue over the future, without being influenced by financial health.

Member's intention is well reflected in the business or activity of JA Hadano, in the climate of "speaking" which has rooted in the member, and "listening" which has rooted in officials and employees. But if "speaking" and "listening" are respected, decision-making will require time. The climate of "considering in the long term" shows the fact of having respected them even if it takes some time.

By the way, "speaking" is the responsibility of a member and "listening" is the right of a member. So, it can be said that JA Hadano to which they are fixed practices democratic control. And, we could say that those who evaluate highly the democratic control in JA Hadano are members (local residents) who are still continuing to increase in number.

4 The characteristic of organizational management in a producer sectional meeting

(1) The outline of the strawberry sectional meeting

There are 18 producer sectional meetings in JA Hadano. In these, this paper takes up the strawberry sectional meeting. That is because this sectional meeting has a long history and is performing activity.

Strawberry cultivation in the city of Hadano started in 1954. The strawberry was brought in as a cash crop to substitute for tobacco. Then, cultivation expanded in the whole city ignited by the introduction of growing in plastic greenhouse in 1961. In such a situation, the strawberry sectional meeting was established as a commodity-wise producer's organization of JA in 1968.

Various activities, such as establishment of the mutual aid system concerning vinyl houses and development of the technology on raising seedlings were performed after establishment of the sectional meeting. As a result, quality and quantity developed into one of the places of production that was most excellent in the prefecture.

However, the members who were 64 persons in 1980 began to decrease in number gradually by aging or the fall in the strawberry price. Now, the number of farmhouses who are cultivating strawberries in the city of Hadano is 28. In these, 23 houses belong to the strawberry sectional meeting. Although producers who are in their 60's occupy the majority, two producers who are in their 40's and three producers who are in their 50's also belong.

As shown in Table 1, the quantity of shipment is about 300,000 packs, the sales amount is about 100 million yen, a unit price is about 310 yen, and they are shifting stably. The destinations are the wholesale market in the cities of Hadano and Kawasaki, and the outlet of JA Hadano. And, most members are performing direct marketing to consumers. It can be said that strong relation of such a consumer and a producer is the feature of a place of production located in the suburbs of the city. However, the sales amount per member by cooperative marketing is about 4,200,000 yen, and is the largest at the sectional meeting in JA Hadano. And,

Table 1 Marketing outlook in the strawberry sectional meeting

fiscal year	quantity of shipmet (pack)	sales amount (yen)	average unit price (yen/pack)
2001	311,814	95,525,351	306.4
2002	313,520	97,764,562	311.8
2003	310,196	96,046,970	309.6

Sources: This table is based on the investigation into JA Hadano.

performing cooperative marketing of a strawberry as a sectional meeting in the prefecture hardly exists. It can be observed that cooperation has rooted deeply in the strawberry sectional meeting.

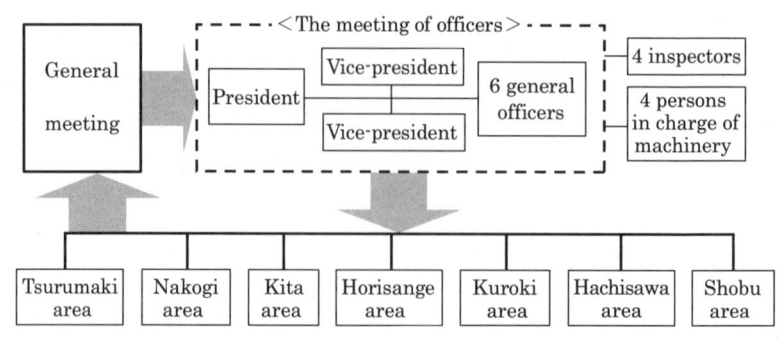

(2) The management structure of the strawberry sectional meeting

The management structure of the strawberry sectional meeting is shown in Fig. 1. The actual condition of management in this sectional meeting is seen based on this figure.

The highest decision-making body of the sectional meeting is a general meeting held once a year. All members have participated in the general meeting and it decides on a budget, a business plan, etc. There are nine officers and they are elected by rotation from seven areas. The term of office is three years. Nine officers constitute a meeting of officers and elect the one president and the two vice-presidents by mutual election. A meeting of officers makes decisions about a product, purchase, marketing, etc., and also draws up a business plan, a balance plan, etc. And, a meeting of officers elects four inspectors and four persons in charge of machinery. Inspector's role is confirming whether the strawberries carried into the collection house by the members are graded correctly. The role of a person in charge of a machine is maintenance of the machine at the collection house. If these eight persons are added to nine officers, it means that most members have a certain charge. It can be said that this is a system which gives members wide management responsibility.

In addition to these, there is an organization in connection with management that should

Fig.1 The management structure of the strawberry sectional meeting

observe. It is a group. There are four groups, and it is constituted so that the members in seven areas may be scattered. The role of a group is managing the operations of the collection house. Four groups are working by rotation. Time and a place are shared with the member in other areas through the group. This is considered to have a big meaning in construction of the network and common consciousness among members.

There is one group leader in a group. And the other group members also have charge as machine staff, packing staff, etc. Especially, a group leader has the decisive power of the destination, and also performs business. Of course, standard plans about shipment are decided and the discretion of a group leader is not so large. But standing on the forefront of sales fosters the consciousness as a management person of a sectional meeting. Probably, the meaning will be by no means small.

The farm adviser is supporting the management of a sectional meeting as a secretariat. The work of a farm adviser is very broad. For example, recommendation of a purchase article, reservation of the destination, adjustment of a meeting, reservation of an inspection place, technical guidance, etc. The farm adviser will be positioned as a synthetic coordinator.

(3) The characteristic of management in a sectional meeting

In the above, actual condition of the management in this sectional meeting has been seen. The following two points are gained as the characteristic.

Firstly, it is that each activity of an officer, an inspector, and a group etc. is performed without recompense. The president gave as the reason "since it is for each other." In this sectional meeting, most members have charge. There are strengths and weaknesses in the labor of each charge. But since there are not many members, a member takes a round of charge for a short term. That is, all members are equally asked for the responsibility as a management person. So, it is thought unnecessary to collect management expenses from a member purposely and to pay it to various charges as remuneration.

Secondly, it is that the member is not dependent on the employee thoughtlessly about management of the sectional meeting. The typical example is operation management at the collection house. Now, the farm adviser is not participating in the work at the collection at all.

So, a member's labor is heavy although it has led to the increase in efficiency of JA business, and decrease of a commission. Probably, it is very rare that employee do not participate in operation management at the collection house. The reason the sectional meeting permits such a situation is guessed because three members have experienced JA officials. They grasp the management of JA, and the actual conditions of the employees well. Probably, knowledge based on experience is making the consciousness that the sectional meeting should not be dependent on the employee thoughtlessly penetrate the members.

If the above is summarized, it can be said that this sectional meeting is managed by a member's condominium under the strong awareness of a member as a management person.

5 Conclusion

The following points were clarified in this paper.

Firstly, the basic direction of management reform was clarified. The consciousness "JA cannot be reformed" is deeply ingrained in the members with broadening of JA, diversification of a member, an asymmetric expansion of information, etc. The construction of a mechanism which changes such consciousness, is just today's subject of JA management. We pointed out that the educational activity as OJT was important, when building the mechanism.

Secondly, the characteristic of the organizational management in JA Hadano was clarified. JA Hadano aims for direct democracy, such as adoption of a system of general meeting, the discussion meeting in spring and autumn, and the visit to a member's house by an employee once a month. As the result, the organizational climate such as "speaking", "listening", and "considering in the long term", is formed. We pointed out that democratic control was practiced under these organizational climates in JA Hadano.

Thirdly, the characteristic of the organizational management in the strawberry sectional meeting was clarified. In this sectional meeting, a system is built which gives members wide management responsibility. And the member is not dependent on the employee thoughtlessly about management of the sectional meeting. We pointed out that this sectional

資料Ⅰ　Structure and Characteristics of Democratic Control in Agricultural Cooperatives　*197*

meeting is managed by a member's condominium under the strong awareness of a member as a management person.

References

1) Hirshman, A, O. (translated by Miura, T.) : Exit, Voice, and Loyalty (Soshiki Shakai no Ronri Kozo, in Japanese text), pp.87 ～ 88, Minerva Shobo, 1975

2) Komatsu, Y. : Ethics and Education of Members of JA (JA no Rinri to Kumiaiin Kyoiku, in Japanese). Cooperation (Kyodo, in Japanese) (Hyogo Pref. Agri. Co-op. Ass'n Society). 9, pp.17 ～ 18, 2003

3) Tashiro, Y. : How are the organization base and an organization idea in JA reconstructed? (JA no Soshiki Kiban, Soshiki Rinen wo Do Sai-kochiku suru ka, in Japanese). Agriculture and Economy (Nogyo to Keizai, in Japanese). 68(5), pp.87 ～ 95, 2002

資料 II

A View of Co-operation and Collaboration in Sectional Meetings

1 Introduction

The 11th National Agricultural Cooperatives Convention in 1967 hung up a banner "Promotion of an agricultural fundamental plan". The farming housing complex design will have been located in the core of agricultural cooperatives (abbreviated to JA in the following) movement for a while since then. Five requirements which should be equipped were set to this farming housing complex. Establishment of a producer sectional meeting was especially positioned as one important requirement[1].

Since then, a large portion of farm advice activities by JA, such as farm technology, farm management, and planned shipment, have been carried out through sectional meetings. In JA, the sectional meeting was regarded as the functional organization systematized by purpose-oriented activity, and has been developed as a concrete place where a member performs co-operation activity.

As is well known, today's JA management has a strong tendency to be led by officials and employees. It has produced many unconscious members in the organic whole system of an owner, a user, and a management person. The competitive power of JA is dependent on the concentration power of the member to JA's business. The concentration power is largely based on a sense of belonging, sense of reliability, etc., which are derived from the participation in the business process[2]. Therefore, business management led by officials and employees will not necessarily guarantee stable development for JA. In such a situation, the sectional meeting has maintained members' high concentration as business management organization decentralized within JA. However, while the heterogeneity inside members is deepened, the independence and autonomy in a sectional meeting tend to fall. Cooperative activity in sectional meetings has been stagnating and a management tendency led by employees has been getting stronger.

Based on the above awareness of the issues, this paper takes up the apple sectional meeting in Kita Shishu Miyuki Agricultural Cooperative (abbreviated to JA Miyuki in the following). And the actual conditions of activity and management in case sectional meetings are clarified. Based on this, the situation of co-operation among members and the situation of collaboration between a member and the employee are considered.

2 Apple Production-Distribution System in JA Miyuki

(1) Reorganization progress of apple shipment organizations

JA Miyuki is located in the northernmost tip of Nagano Prefecture. There are Iiyama city, Kijimadaira village, Nozawaonsen village, Toyoda village, and Sakae village in the territory under their charge. It is a broader-based merger JA to which 13,246 members belong. Marketing business quantity (2003 fiscal year) was about 13 billion yen, and fruit alone was about 500 million yen.

Although Nagano Prefecture is a prosperous zone of fruit agriculture, the status is not necessarily high in JA Miyuki. It is because JA Miyuki is located in the northern limit of Nagano fruit growing and the cultivation area is partly restricted. However, the apple cultivation in Toyoda village has continued since Meiji Era. Apple cultivation area reached 300ha and it has developed as one of the main industries in the village. The apple sales that reached 1,200 million yen around the 80's has fallen to about 700 million yen now because of aging or increase in abandoned cultivated lands. However, about 300 cultivating farmhouses still exist and there are about 200ha of cultivated area even now.

The center of apple sectional meeting was established in JA Miyuki. There are three branches, Kamiimai, Toyoda, and Iiyama. The members of Kamiimai and Iiyama ship to the

Kamiimai grading house, and the members of Toyoda ship to the Kaesa grading house. Thus, apple marketing in JA Miyuki is performed for every grading house. So, the brand is not unified as JA Miyuki.

From the first, apple production in Toyoda village was prosperous in three areas, Kamiimai, Kaesa, and Nagata. In these three areas, the horticulture association was organized respectively, and marketing has been developed separately. However, the horticulture association in Kaesa and Nagata merged with JA Toyoda Village in 80's, and became an apple sectional meeting in JA, respectively[3]. After that, both sectional meetings unified their marketing in 1997, and constitute the Toyoda branch now.

On the other hand, although the Kamiimai horticulture association which had a firm organization had developed business uniquely as specialized agricultural cooperative, it was pressed for the necessity of easing officer's burden with aging, unified with JA in 1998, and constitutes the Kamiimai branch now. Furthermore, from 2000, marketing is unified with the Iiyama branch.

(2) System of apple business in JA

Thus, since there are two marketing systems, a farm adviser and a marketing employee are disposed to correspond to each grading house by JA Miyuki. The farm adviser is engaged in various works. For example, connection and the production of data of a meeting as a sectional meeting secretariat, the technical guidance about cultivation or shipment, instruction for the part-timer in the grading house, and so on.

The marketing employees have made decisions on long-term marketing plans, the timing about first shipment, etc. under deliberations with a sectional meeting. Especially, the employees have made decisions on important matters like the destination or a selling unit price in which farmhouses are concerned. Apples in JA Miyuki located in a cultural northern limit are excellent in flavor. However, the shipment season is late and the color that is a consumer's purchase criterion is also inferior to other production districts. So, the market can be enlarged by making the flavor into a selling point.

For example, in the case of the Toyoda branch, 90% is shipped to the wholesale markets, such as Kagoshima and Hiroshima, and 10% is shipped to the catalog sales in Zennoh Pearl Rice Kanagawa, and JA's outlet in Tokyo, Fukui, Yokkaichi, etc. as direct marketing. The market is enlarged through a tie-up between cooperatives, and the risk about payment collection that causes a problem in direct marketing is lessened.

Furthermore, the unit price exceeding the distribution through a wholesale market is set up in direct marketing. That is because differentiation of goods is realized. For example, in the case of direct marketing to Zennoh Pearl Rice Kanagawa, goods are limited to "Hatorazu apple". This apple is very excellent in flavor. It is because the leaf that should be taken essentially is left on the tree and harvest time is delayed. However, there is a risk of harvest reduction by snow. Therefore, it is difficult for all the members to tackle. So, after the farmhouses who can tackle it are specified by a farm adviser, technical guidance according to character of goods is given to these farmhouses. The organic link between the marketing employee and the farm adviser supports direct marketing.

Now, there are never many objections and requests in marketing side from a member to JA. That will be because business, which can meet the expectation from the member, is carried out.

3 Concentration Power in a Producer Sectional Meeting and Its Regulation Factor

(1) Organization structure of a sectional meeting

As mentioned above, JA Miyuki bears the marketing business generally now. The officer centering on the president bore these business at the Kamiimai branch that was specialized agricultural cooperative till recently, and their labor burden was very large. Although the burden is eased now, they are still engaged in organization business. So, let us look at the present officer system in the Kamiimai branch.

There are 13 officers: one president, one vice-president, two shipment division managers (chief and vice), two labor charge (chief and vice), two materials charge (chief and vice), two production parts (chief and vice), and three general officers. These 13 officers form a meeting of officers and elect a president, a vice-president, a chief shipment division manager as three key officers by mutual election. After discussion at the meeting by three key officers, important matters in connection with the management is referred to the meeting of officers, and made decisions there. Based on such decision-making, every officer will be engaged in the organization business according to function.

Officers are elected at general meetings. The selection committee selects officers. The selection committee consists of 17 group leaders and the president (who elects the next president, and is solved from the duties). In every branch, the group is fixed for every about 6-7 neighboring farmhouses, and a role of the connection system in a sectional meeting is played. For the intension reflection from the whole area, a group leader acts as a member of the selection committee, and for the continuity of the sectional meeting management, the president acts as a member of the selection committee.

The organization structure in such a Kamiimai branch is the same as that of the Toyoda branch, except for there being no production part. However, the concentration power to a sectional meeting differs greatly at both branches. Next, let us see the actual condition of the difference.

(2) A difference of the concentration power to a sectional meeting

Now, 93 members belong to the Kamiimai branch, and 193 members belong to the Toyoda branch. Shipment scales are about 110,000 cases at the Kamiimai branch, and about 70,000 cases at the Toyoda branch. The shipment scale per member that belongs to the Toyoda branch is relatively small. This is considered to be because aging and increase of a part-time farmer have progressed more, or size of management scale is small at the Toyoda branch. It is an individual selling that must be considered as a problem.

It cannot be overemphasized that the size of a lot is an important dealings element in wholesale market. JA Miyuki presumes the rate of cooperative selling to be about 40% at the Toyoda branch, about 70% at the Kamiimai branch. The formation-of-price power in the Toyoda branch cannot help becoming weak relatively. The more serious problem in the Toyoda branch is that high quality apples are distributed by individual selling and many apples of lower quality have gathered to the grading house.

As an example, the shipment ratio classified by grade in 2003 is shown below. At the Kamiimai branch, Tokushu (the most excellent grade) is 25.0%, Shu (the second excellent grade) is 44.0%, Akashu (the third excellent grade) is 22.8%, and Nami (the last excellent grade) is 8.2%, and about 70.0% of shipment is formed by two higher grades. At the Toyoda branch, Tokushu is 8.9%, Shu is 31.2%, Akashu is 50.3%, and Nami is 9.6%, and the ratio of two higher grades is only about 40%.

Thus, since quantity and quality had a difference, the average case unit price of the Sanfuji in the Kamiimai branch was higher than the Toyoda branch about 200 yen in 2003. What is the factor that has brought about the difference of such concentration power? Two factors are pointed out in the following.

(3) The regulation factor of concentration power

Firstly, it is an officer's leadership based on conviction by a general member. At the Kamiimai branch, the officer had borne management, such as negotiation with a customer, and employment management of the part-timer in the grading house, till some years ago. Since marketing business was entrusted with the task to the JA, the officer burden is eased, but various roles, such as "*shutsueki*" (which means offering the labor to cooperative work) to the grading house in every five days during the shipment and business about sectional meeting management, are borne. For example, the present president is obliged to about 20a of cultivation abandonment in his apple orchards. Although he earns 400 thousand yen per year from the sectional meeting as remuneration, this is not necessarily sufficient.

Secondly, it is existence of the mutual surveillance and mutual regulation function among members. At the Kamiimai branch, not only the officers but the general members have had "*shutsueki*" to the grading house. The present frequency is once a week generally. There is also the phenomenon of member who do not turn up. However, it has led to the upsurge of a sense of belonging by being engaged in a commercialization process. Also the member has compared his apple with other members' there. That is, the members have had "*shutsueki*" in public. As a result, low quality apples are excluded autonomously.

At the Toyoda branch, JA bore the responsibility for marketing business, grading house management, etc. for many years, and the sectional meeting has been managed under JA's leadership. The officers were connector, and not decision-maker. Further, the labor in the grading house was done by the part-timers. So, there were no "*shutsueki*".

As mentioned above, the conviction to officers, mutual surveillance and mutual regulation functions, and these strength and weakness could call it the regulation factor about the concentration power in both branches.

(4) The integration plan for the grading house

Now, JA Miyuki is planning the introduction of a new grading house equipped with an optical sensor sorter. Disuse of two grading houses and unification of cooperative selling are being discussed. They have been argued since the 80's. But at the Kamiimai branch which was following on independent path as a specialized agricultural cooperative, the opposite posture was strong. Now, the Kamiimai branch is also positive. That is because aging and increase of a part-time farmer have progressed here too and the sectional meeting management by officers has become difficult.

Further, integration of grading houses is desired also for improvement of the formation-of-price power in the place of production, increases in the efficiency of JA's business, etc. But there is much concern.

Firstly, we are anxious about the economic effects on farm management. Increase in the grading cost is not avoidable in connection with introducing a new grading house. On the other hand, using an optical sensor only for judgment of the color is planned. Since the flavor is a selling point at this place of production, the influence on a market unit price is not necessarily expectable.

Secondly, we are anxious about expansion of individual selling, and the fall of the concentration power to a sectional meeting. "*Shutsueki*" is due to be abolished after introduction of a new grading house. Also the members of the Kamiimai branch are worried about expansion of action based on principle of opportunity.

Next, the following paragraph examines the reorganization direction of the sectional meeting on condition of integration of the grading house, and unification of cooperative selling.

4 The Reorganization Direction of Producer Sectional Meetings

(1) The special feature of the Kamiimai branch based on social capital theory

The special feature which the Kamiimai branch had deserves references, when the sectional meeting after unification builds high concentration power. Then, more generally we will consider the regulation factor supporting the high concentration power in the Kamiimai branch, using social capital theory.

Social capital refers to the resources obtained from an individual network or a network of business. Information, an idea, a business opportunity, goodwill, reliance, co-operation, etc. are concrete resources. As the word "capital" shows, it has productivity like human capital or financial capital. By utilizing social capital, a valuable thing is created, and it becomes possible to attain a target. However, those resources cannot be recognized, if a fully-built network does not exist, or if the network is not managed exactly. Moreover, investment in social capital is investing to the circulation that is passed from one to another by helping others and comes back to itself, respecting the soul of mutual support. There, a voluntary attitude is required.

If based on the fundamental view about such social capital theory[4], the special feature, which should be observed in the Kamiimai branch will emerge.

Firstly, it is "*shutsueki*" to the grading house as an opportunity of network construction. It can be said that it was the opportunity of a "*human moment*" (which means a moment of humane contact while turning cautions mutually based on sharing of time and a place). It is thought that continuous communication and the exclusion of low quality apples built confidential relations among members.

Secondly, it is investment in the social capital by sectional meeting officers. The officers have been devotedly engaged in sectional meeting business. It can be said that this was assistance to general members without sufficient collateral. This is considered to have become the driving force which pulls out mutual co-operation from the network among members.

That is, it can be said that the high concentration power in the Kamiimai branch was based on construction and practical use of social capital.

(2) Reconstruction of co-operation

If based on the above, we will be anxious about rupture of the network among members accompanying integration of grading houses. As a result, social capital is spoiled and it is considered that it becomes impossible to control an action based on principle of opportunity. The alternative opportunity for building a network must be created within a sectional meeting.

Activity of the production part in the Kamiimai branch is considered as a pioneering measure. The production part is promoting environment-friendly agriculture through the introduction of prevention technology using sexual pheromone agents. As a result, the members of the Kamiimai branch have received an eco-farmer's accreditation from the prefecture. Moreover, saplings are produced, distributed to the members by the production part.

These tackles are creating the opportunity of a "*human moment*". Continuation of activity there will contribute to network construction. The activity that focused on such a specific field should be positively incorporated within the sectional meeting from now on. Moreover, the present production manager has described the role of the production part after unifying sectional meetings as follows. "In order to raise a motivation of members' farming, we want to advance the exchange among them. So, we want to take out a few representatives from each district as a production part. And, if a member asks the officer who is taking charge of his area, we will want to build a system which can solve any problem."

First of all, a similar sense of values or a similar attitude do not bring about similarity of action. In many cases, the nearness between men creates a network, sharing of information progresses, and the similarity of action is born. Then, indication of the above-mentioned by present production manager is to the point. He is going to advance the mutual exchange of the whole sectional meeting members through a production part, and form common consciousness. That is, he is going to create the network from the absolute nearness of a residential district. Of course, such a system is not limited to a production part. It is important to exchange the nearness of a residential district into the common consciousness.

Thus, although some germs of new network construction are seen, self-sacrifice of officers must be asked for the driving force which pulls out mutual co-operation from the network like the present. What the incentive to assistance without sufficient collateral commits is the fulltime farmer who receives big loss from the fall of concentration power, and a young farmer who needs a sectional meeting in the long run. They should become an officer and introduce various activities so that a sectional meeting can progress in the direction that is desirable for them. When it leads to the positive feedback which encourages mutual co-operation among members, it can be said that reconstruction of co-operation was made. And if it sees in the long run, an officer's income and outgo will also be able to be balanced.

(3) Construction of collaboration between a sectional meeting member and an employee

By the way, the positive feedback has driven at the Kamiimai branch where the officers led management, have not driven at the Toyoda branch where the JA led management. This suggests the fact that the employees specializing in a sectional meeting cannot become the driving force of mutual co-operation. Here, co-operation and collaboration are defined as follows. Co-operation is that a member with a similar interest background works toward the common purpose, and collaboration is that a member with a different interest background works toward the common purpose. Thus, if a definition is given, it can be said that co-operation is not concluded even if collaboration is concluded between sectional meeting members and the employees.

The mission of the employee will be maintaining and developing the co-operation in a sectional meeting. However, the co-operation for a sectional meeting member is a means for maintenance and development of farm management. In JA, the employee will not necessarily be evaluated, even if the farm management of members develops, if not accompanied with development of the co-operation activity in sectional meetings. Moreover, the meaning of decision-making also differs among sectional meeting members and employees. Decision-making about sectional meeting management strongly influences the interest among members. That a sectional meeting officer performs the decision-making, means determining its own interest. On the other hand, that the employees make decisions on sectional meeting management cannot help turning into decision-making which is not related to its own interest directly.

As mentioned above, sectional meeting members and employees have a different interest background. Therefore, it is difficult to build a cooperative relationship. However, if the employee makes an effort continuously so that development of co-operation activity can match development of farm management, collaboration can be built between a sectional meeting member and the employee.

Supposing the network among sectional meeting members is a horizontal network, the efforts for which the employees are asked are connecting members to a market as a vertical network. In order to support development of farm management, the employees have to return positively the market needs, which he acquired through operating activities, to members. If it is the connection which does not use JA, loss will occur in JA in the short term. The employees need to continue incorporating the market needs which were returned to members, into JA's business. If it is attained, loss becomes prior investments and development of farm management and development of co-operation activity will correspond.

5 Conclusion

In this paper, the apple sectional meeting in JA Miyuki was taken up as an example under an awareness of the issues that the management led by officials and employees does not guarantee stable development in JA. And the co-operation among members and collaboration between a sectional meeting member and the employee was discussed, using a social capital theory.

In order to reconstruct co-operation, it is necessary to create the network among members from the activity which focused on the specific field, or nearness. And it is required to lead to positive feedback which encourages mutual co-operation by making self-sacrifice of an officer into driving force. Moreover, in order to build collaboration between sectional meeting members and the employees, the employee as a connective person between a market and the sectional meeting members has to try hard continuously so that development of co-operation activity can match development of farm management.

In order to enrich social capital as resources among sectional meeting members and for a sectional meeting to develop stably, the following points are important. Firstly, the co-operation as a horizontal network and the collaboration as a vertical network must be built. Secondly, the soul of mutual support, such as to be embodied by officers at the Kamiimai branch, must be penetrated in these networks.

References

1) Usui, H: Member's Organization in Agricultural Cooperatives (Nogyo Kyodo Kumiai no Kumiai-in Soshiki, in Japanese). New Edition Cooperatives Encyclopedia (Shin-ban Kyodo Kumiai Jiten, in Japanese text) (Kawano, S. et al. eds.), pp.536 〜 539, Ie no Hikari Kyokai, 1986

2) Masuda, Y. : The Business Characteristics and the Subject of Business Study in Cooperatives (Kyodo Kumiai no Jigyo-teki Tokushitsu to Jigyo-ron-teki Kenkyu no Kadai, in Japanese). The Modern Subject of Agricultural Cooperatives Movements (Nokyo Undo no Gendai-teki Kadai) (Yamamoto, O. et al. eds.), pp.65 〜 82, Zenkoku kyodo shuppan, 1992

3) Komatsu, Y. : The Present Condition and Subject of Apple Farm Management (Ringo-saku Keiei no Genjo to Kadai, in Japanese), The Long Design of Rural Development by Toyoda Village Agricultural Cooperative (Toyoda-mura Nokyo Chiiki Kaihatsu Choki Koso, in Japanese text) (Toyoda Village Agricultural Cooperative. et al. eds.), pp.64 〜 133, 1987

4) Wayne Baker (translated by Nakajima,Y) : Social Capital, pp.3 〜 42, 253 〜 261, Diamond-sha, 2001

■著者紹介

西井　賢悟（にしい　けんご）

1978年東京都生まれ
岡山大学農学部総合農業科学科　卒業
岡山大学大学院自然科学研究科博士後期課程　修了
博士（農学）
現在、社団法人長野県農協地域開発機構　研究員

信頼型マネジメントによる
農協生産部会の革新

2006年10月10日　初版第1刷発行

■著　者──西井賢悟
■発行者──佐藤　守
■発行所──株式会社 大学教育出版
　　　　　〒700-0953　岡山市西市855-4
　　　　　電話(086)244-1268代　FAX(086)246-0294
■印刷製本──モリモト印刷㈱
■装　丁──原　美穂

Ⓒ Kengo NISHII 2006, Printed in Japan
検印省略　落丁・乱丁本はお取り替えいたします。
無断で本書の一部または全部を複写・複製することは禁じられています。

ISBN4-88730-705-5